机电专业新技术普及丛书

# 变频器实用技术（西门子）

主　编　王　建　杨秀双　刘来员

副主编　施利春　李　伟　李　丽　贺　强

参　编　徐　铁　张　凯　肖海梅　宋永昌

　　　　刘继先　王春晖　熊新国

主　审　张　宏

参　审　寇　爽

机械工业出版社

本书根据企业生产实际，详细介绍了西门子 MM420 型变频器的实用技术。本书的主要内容包括变频器基础知识与操作、变频器的基本应用、变频器调速系统的设计、变频器在典型控制系统中的应用。书后附有 MM420 型变频器参数表。

本书内容取材于生产一线，实用性强，是电气自动化专业高技能型人才培养用书，也可作为企业培训部门、职业技能鉴定培训机构的教材，还可作为变频器应用及开发工程技术人员的参考书。

**图书在版编目（CIP）数据**

变频器实用技术：西门子/王建，杨秀双，刘来员主编. —北京：机械工业出版社，2012.6（2023.1 重印）

（机电专业新技术普及丛书）

ISBN 978-7-111-38349-9

Ⅰ.①变… Ⅱ.①王…②杨…③刘… Ⅲ.①变频器 Ⅳ.①TN773

中国版本图书馆 CIP 数据核字（2012）第 098076 号

机械工业出版社（北京市百万庄大街 22 号 邮政编码 100037）
策划编辑：朱 华 陈玉芝 责任编辑：王华庆
版式设计：刘怡丹 责任校对：陈延翔
封面设计：路恩中 责任印制：邰 敏
北京盛通商印快线网络科技有限公司印刷
2023 年 1 月第 1 版第 6 次印刷
184mm×260mm・11.75 印张・285 千字
标准书号：ISBN 978-7-111-38349-9
定价：28.00 元

# 机电专业新技术普及丛书编委会

**主　任：** 王　建

**副主任：** 楼一光　雷云涛　李　伟　王小涓

**委　员：** 张　宏　王智广　李　明　王　灿　伊洪彬　徐洪亮
　　　　　施利春　杜艳丽　李华雄　焦立卓　吴长有　李红波
　　　　　何宏伟　张　桦

随着经济全球化进程的不断深入，发达国家的制造产业加速向发展中国家转移，我国已成为全球的加工制造基地，这就凸显了我国高技能型人才严重短缺的现实问题，特别是对掌握数控加工技术以及自动化新技术人才的需求越来越大。然而，很多工人碍于条件，无法到学校接受系统的数控加工技术以及自动化新技术的职业教育，所以对于离开校园数年的有一定工作经验的人员来说，还需要进行"充电"，以适应新技术的发展需要。

为解决上述矛盾，丛书编委会组织一批学术水平高、经验丰富、实践能力强的企业、行业一线专家在充分调研的基础上，结合企业实际需要，共同研究培训目标，编写了这套机电专业新技术普及丛书。

本套丛书的编写特色有：

1. 本丛书坚持以"以技能为核心，面向技术工人的继续充电、继续提高"为培养方针，普及并推广企业和技术工人急需的高新技术，加快高技能人才的培养，以更好地满足企业的用人需求。

2. 本丛书更注重实际工作能力和动手技能的培养，内容贴近生产岗位，注重实用，力图实现培训的"短、平、快"，使学员经过培训后，即能胜任本岗位的工作。

3. 编写内容上充分体现一个"新"字，即充分反映新知识、新技术、新工艺和新设备，紧跟科技发展的潮流，具有先进性和前瞻性。

4. 编写内容上以解决实际问题为切入点，尽量采用以图代文、以表代文的编写形式，最大限度降低学员的学习难度，提高读者的学习兴趣。

本套丛书涉及数控技术和电气技术两大领域，是面向有志于学习数控加工、机电一体化以及自动控制实用技术，并从事过相关工作的技术工人的培训用书，也适合有一定经验的工人进行自学或转岗培训之用。

我们希望这套丛书能成为读者的良师益友，能为读者提供有益的帮助！

由于时间和水平有限，书中难免存在不足之处，敬请广大读者批评指正。

编　者

# 目 录
## CONTENT

# 第一章 变频器基础知识与操作

## 第一节 变频器的结构与分类

变频器是将频率固定的交流电变换为频率连续可调的交流电的装置。变频器技术随着微电子学、电力电子技术、计算机技术和自动控制理论等的不断发展而发展，其应用也越来越普及。西门子 MM420 型变频器的外形如图 1-1 所示。

### 一、变频器的结构

通用变频器由主电路和控制电路组成，如图 1-2 所示。主电路包括整流器、中间直流环节和逆变器。控制电路由运算电路、检测电路、控制信号的输入/输出电路和驱动电路组成。

图1-1 西门子 MM420 型变频器的外形

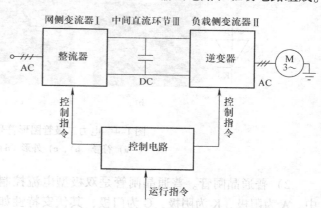

图 1-2 通用变频器的基本结构

### 1. 主电路

（1）整流电路 整流电路的主要作用是将三相（或单相）交流电转变成直流电，从而为逆变电路提供所需的直流电源。按使用的元器件不同，整流电路可分为不可控整流电路和可控整流电路两种，如图 1-3 中的 $VD_1 \sim VD_6$。

不可控整流电路使用的器件通常为电力二极管（PD），可控整流电路使用的器件通常为普通晶闸管（SCR）。

1）电力二极管。电力二极管是指可以承受高电压大电流且具有较大耗散功率的二极管。电力二极管的内部结构是一个 PN 结，加正向电压时导通，加反向电压时截止，是不可控的单向导通器件。电力二极管与普通二极管的结构、工作原理和伏安特性相似，但它们的

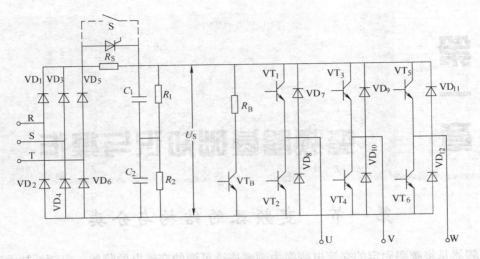

图 1-3　交-直-交电压型变频器主电路

主要参数和选择原则不完全相同。电力二极管的图形符号如图 1-4a 所示。其中，A 为阳极，K 为阴极。其伏安特性如图 1-4d 所示。其主要参数有正向平均电流 $I_F$、反向重复峰值电压 $U_{RRM}$、反向不重复峰值电压 $U_{RSM}$ 和正向平均电压 $U_F$ 等。

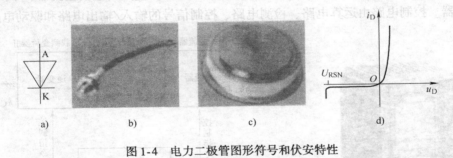

图 1-4　电力二极管图形符号和伏安特性
a) 符号　b)、c) 外形　d) 伏安特性

2）普通晶闸管。普通晶闸管是双极型电流控制器件，其图形符号如图 1-5a 所示。其中，A 为阳极，K 为阴极，G 为门极，其伏安特性如图 1-5b 所示。当对晶闸管的阳极和阴极两端加正向电压，同时在它的门极和阴极两端也适当加正向电压时，晶闸管导通。晶闸管导通后门极失去控制作用，此时不能用门极控制晶闸管关断，所以晶闸管是半控器件。其主要参数有断态重复峰值电压 $U_{DRM}$、反向重复峰值电压 $U_{RRM}$、通态平均电压 $U_{T(AV)}$、通态平均电流 $I_{T(AV)}$、维持电流 $I_H$、擎住电流 $I_L$、通态浪涌电流 $I_{TSM}$ 等。

（2）滤波电路　滤波电路通常由若干个电解电容并联成一组，如图 1-3 中 $C_1$ 和 $C_2$。为了解决电容 $C_1$ 和 $C_2$ 的均压问题，应在两电容旁各并联一个阻值相等的均压电阻 $R_1$ 和 $R_2$。

在图 1-3 中，串联在整流桥和滤波电容之间的限流电阻 $R_S$ 和短路开关 S（虚线所画开关）组成了限流电路。在变频器通电的瞬间，将有一个很大的冲击电流经整流桥流向滤波电容。整流桥可能因电流过大而在通电的瞬间受到损坏。限流电阻 $R_S$ 可以削弱该冲击电流，起到保护整流桥的作用。在许多新的变频器中，$R_S$ 已由晶闸管替代。

（3）直流中间电路　整流电路可以将电路中的交流电整流成直流电压或直流电流，但

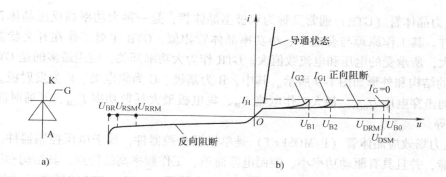

图 1-5　图形符号和伏安特性

a）图形符号　b）伏安特性

这种电压或电流含有电压纹波或电流纹波，将影响直流电压或直流电流的质量。为了减小这种电压或电流的波动，需要加电容器或电感器作为直流中间环节。

对电压型变频器来说，直流中间电路通过大容量的电容对输出电压进行滤波。对电流型变频器来说，直流中间电路通过电感对输出电流进行滤波。

（4）逆变电路　逆变电路是变频器最主要的部分之一。它的功能是在控制电路的控制下将直流中间电路输出的直流电压，转换为频率可调的交流电压，实现对异步电动机的变频调速控制。变频器中应用最多的是三相桥式逆变电路，如图 1-6 所示。它是由电力晶体管（GTR）组成的三相桥式逆变电

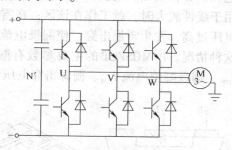

图 1-6　三相桥式逆变电路

路。该电路主要是对开关器件电力晶体管进行控制。目前，常用的开关器件有门极关断（GTO）晶闸管、电力晶体管（GTR 或 BJT）、电力场效应晶体管（P-MOSFET）以及绝缘栅双极型晶体管（IGBT）等，在使用时需查阅有关使用手册。

1）门极关断（GTO）晶闸管的开通控制与晶闸管一样，但当门极加负电压时可使其关断，具有自关断能力，属于全控器件。其结构和图形符号如图 1-7 所示，其中 A 为阳极，K 为阴极，G 为门极，它的外形与普通晶闸管一样，其开关特性曲线如图 1-8 所示。图 1-8 中 $t_d$ 为延迟时间，$t_r$ 为上升时间，$t_s$ 为储存时间，$t_f$ 为下降时间，$t_t$ 为尾部时间。其多数参数与普通晶闸管相同，另外还有最大关断阳极电流 $I_{TGQM}$ 和关断增益 $G_{off}$ 等参数。

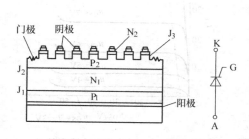

图 1-7　门极关断（GTO）晶闸管的结构和图形符号

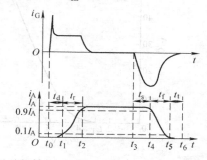

图 1-8　开关特性曲线

2）电力晶体管（GTR）通常又称为双极型晶体管，是一种大功率高反压晶体管，属于全控型器件。其工作原理与普通中、小功率晶体管相似。GTR 主要工作在开关状态，不用于信号放大，所承受的电压和电流数值大。GTR 作为大功率开关，应用最多的是 GTR 模块。GTR 模块的结构和外形如图 1-9 所示。其中，B 为基极、C 为集电极、E 为发射极。其主要参数有反向击穿电压 $U_{CEO}$、最大工作电流 $I_{CM}$、集电极最大耗散功率 $P_{CM}$、开通时间 $t_{on}$、关断时间 $t_{off}$ 等。

3）电力场效应晶体管（P-MOSFET）是单极型全控器件，属于电压控制器件，具有电压控制功能，并且具有驱动功率小、控制电路简单、工作频率高的特点。其结构和图形符号如图 1-10 所示。其中，G 为栅极，D 为漏极，S 为源极。P-MOSFET 的转移特性如图 1-11 所示。当 $u_{GS} < U_T$ 时，$i_D$ 近似为零；当 $u_{GS} > U_T$ 时，随着 $u_{GS}$ 的增大 $i_D$ 也增大；当 $i_D$ 较大时，$i_D$ 与 $u_{GS}$ 的关系近似为线性。P-MOSFET 的输出特性如图 1-12 所示。其输出特性分为可调电阻区 Ⅰ、饱和区 Ⅱ 和雪崩区 Ⅲ 三个区域。在可调电阻区 Ⅰ 中，器件的阻值是变化的；在饱和区 Ⅱ，当 $u_{GS}$ 不变时，$i_D$ 几乎不随着 $u_{DS}$ 的增加而增加，近似为一常数，当 P-MOSFET 用于线性放大时，就工作在该区；在雪崩区 Ⅲ，当 $u_{DS}$ 增加到某一数值时，漏极 PN 结反偏，电压过高，发生雪崩击穿，使漏极电流 $i_D$ 突然增加，造成器件的损坏，使用时应避免出现这种情况。P-MOSFET 的主要参数有漏源击穿电压 $U_{DS}$、漏极连续电流 $I_D$、漏极峰值电流 $I_{DM}$、栅极峰值电流 $I_{GM}$、栅源击穿电压 $U_{GS}$、开启电压 $U_T$、极间电容 $C$ 和通态电阻 $R_{on}$ 等。

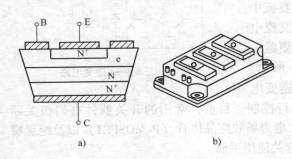

图 1-9　GTR 模块的结构和外形
a）结构　b）外形

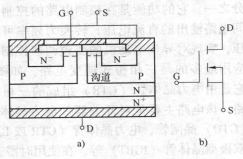

图 1-10　P-MOSFET 的结构和图形符号
a）结构　b）图形符号

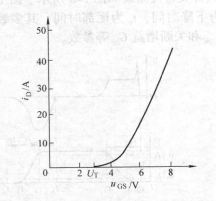

图 1-11　P-MOSFET 的转移特性

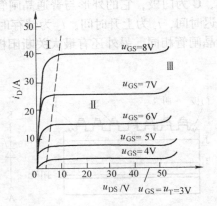

图 1-12　P-MOSFET 的输出特性

4）绝缘栅双极型晶体管（IGBT）是复合型全控器件，具有输入阻抗高、工作速度快、通态电压低、阻断电压高、承受电流大等优点，是功率开关电源和逆变器的理想电力半导体器件。其结构和图形符号如图 1-13 所示。其中，G 为栅极，C 为集电极，E 为发射极。IGBT 的开通和关断是由栅极电压来控制的。当栅极加正电压时，P-MOSFET 内形成沟道，IGBT 导通；当栅极加负电压时，P-MOSFET 内的沟道消失，IGBT 关断。IGBT 的传输特性如图 1-14a 所示。当 $u_{GE}$ 小于开启电压 $U_{GE(th)}$ 时，IGBT 处于关断状态。当 $u_{GE}$ 大于开启电压 $U_{GE(th)}$ 时，IGBT 开始导通，$i_C$ 与 $u_{GE}$ 基本呈线性关系。IGBT 输出特性如图 1-14b 所示。该特性描述了当以栅射电压 $u_{GE}$ 为控制变量时，集电极电流 $i_C$ 与集电极间电压 $u_{CE}$ 之间的相互关系。IGBT 的输出特性可分为三个区域：正向阻断区、有源区、饱和区。IGBT 的主要参数有集电极-发射极击穿电压 $U_{CES}$，栅极-发射极击穿电压 $U_{GES}$，集电极额定最大直流电流 $I_C$，集电极-发射极间的饱和压降 $U_{CE(sat)}$ 和开关频率 $f_{on}$ 等。

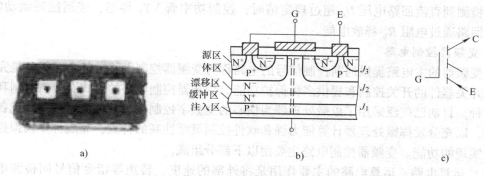

图 1-13　IGBT 模块的外形、结构、图形符号
a）外形　b）结构　c）图形符号

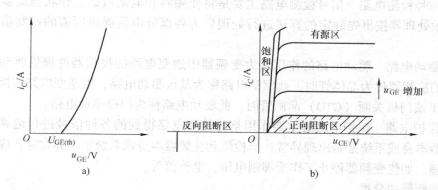

图 1-14　IGBT 的静态特性
a）传输特性　b）输出特性

在中、小容量的变频器中多采用 PWM 开关方式的逆变电路，换相器件多采用大功率晶体管（GTR）、绝缘栅双极晶体管（IGBT）或电力场效应晶体管（P-MOSFET）。随着门极关断（GTO）晶闸管容量和可靠性的提高，在中、大容量的变频器中逐渐采用 PWM 开关方式的门极关断（GTO）晶闸管逆变电路。

在图 1-3 中，由开关管器件 $VT_1 \sim VT_6$ 构成的电路（称为逆变桥），由 $VD_7 \sim VD_{12}$ 构成续流电路。续流电路的作用有：

① 为电动机绕组的无功电流返回直流电路提供通路。

② 当频率下降使同步转速下降时，为电动机的再生电流反馈至直流电路提供通路。

③ 为电路的寄生电感在逆变过程中释放能量提供通路。

（5）能耗制动电路　在变频调速时，电动机的降速和停机是通过减小变频器的输出频率从而降低电动机的同步转速的方法来实现的。当电动机减速时，在频率刚减小的瞬间，电动机的同步转速随之降低，而由于机械惯性，电动机转子转速未变，所以同步转速低于电动机的实际转速，使电动机处于发电制动运行状态，负载机械和电动机所具有的机械能被反馈给电动机，并在电动机中产生制动力矩，使电动机的转速迅速下降。

电动机再生的电能经过图 1-3 中的续流二极管 $VD_7 \sim VD_{12}$ 全波整流后，反馈到直流电路。由于直流电路的电能无法反馈给电网，所以在 $C_1$ 和 $C_2$ 上将产生短时间的电荷堆积，形成"泵生电压"，使直流电压升高。当直流电压过高时，可能损坏换相器件。当变频器的检测单元检测到直流回路电压 $U_S$ 超过规定值时，控制功率管 $VT_B$ 导通，接通能耗制动电路，使直流回路通过电阻 $R_B$ 释放电能。

**2. 变频器控制电路**

为变频器的主电路提供通断控制信号的电路称为变频器控制电路。其主要任务是完成对逆变器开关器件的开关控制和提供多种保护功能。变频器控制电路的方式有模拟控制和数字控制两种。目前已广泛采用了以微处理器为核心的全数字控制技术，主要靠软件完成各种控制功能，以充分发挥微处理器计算能力强和软件控制灵活性高的特点，完成许多模拟控制方式难以实现的功能。变频器控制电路主要由以下部分组成。

（1）运算电路　运算电路的主要作用是将外部的速度、转矩等指令信号同检测电路的电流、电压信号进行比较运算，决定变频器的输出频率和电压。

（2）信号检测电路　信号检测电路主要是将变频器和电动机的工作状态反馈至微处理器，并由微处理器按事先确定的算法进行处理后为各部分电路提供所需的控制信号或保护信号。

（3）驱动电路　驱动电路的作用是为变频器中逆变电路的换相器件提供驱动信号。当逆变电路的换相器件为晶体管时，此驱动电路称为基极驱动电路；当逆变电路的换相器件为 SCR、IGBT 或门极关断（GTO）晶闸管时，此驱动电路称为门极驱动电路。

（4）保护电路　保护电路的主要作用是对检测电路得到的各种信号进行运算处理，以判断变频器本身或系统是否出现异常。当检测到变频器本身或系统出现异常时，应进行各种必要的处理，如使变频器停止工作或抑制电压、电流值等。

**二、变频器的分类**

**1. 按变换环节分类**

（1）交-交变频器　单相交-交变频器的原理如图 1-15 所示。它只需要一个变换环节就可以把恒压恒频（CVCF）的交流电源转换为变压变频（VVVF）的交流电源。因此，单相交-交变频器又称为直接变频器。

图 1-15　交-交变频器的工作原理

（2）交-直-交变频器　交-直-交变频器又称为间接变频器。它的基本电路由整流电路和逆变电路两部分组成。整流电路将工频交流电整流成直流电，逆变电路再将直流电逆变成频率可调节的交流电。按变频电源的性质不同，交-直-交变频器可分为电压型交-直-交变频器和电流型交-直-交变频器。交-直-交变频器的工作原理如图1-16所示。

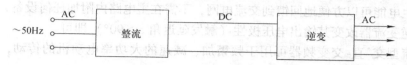

图1-16　交-直-交变频器的工作原理

1）电压型交-直-交变频器。在电压型交-直-交变频器中，整流电路产生的直流电压，通过电容滤波后供给逆变电路。由于采用大电容滤波，故输出电压的波形比较平直，在理想情况下可以将其看成一个内阻为零的电压源。逆变电路输出电压的波形为矩形或阶梯形。电压型交-直-交变频器多用于不要求正反转或快速加减速的通用变频器中。电压型交-直-交变频器的主电路结构如图1-17a所示。

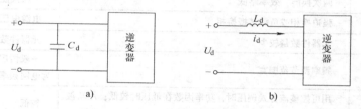

图1-17　电压型和电流型交-直-交变频器的主电路结构
a）电压型交-直-交变频器　b）电流型交-直-交变频器

这种变频器在大多数情况下采用六脉波运行方式，晶闸管在一个周期内导通180°。该电路的特点是：中间直流环节的储能元件采用大电容，负载的无功功率将由它来缓冲。由于大电容的作用，主电路直流电压 $U_d$ 比较平稳，电动机端的电压波为方波或阶梯波。由于直流电源内阻比较小，相当于电压源，故电压型交-直-交变频器又称为电压源型变频器或电压型变频器。

对负载电动机而言，变频器是一个交流电压源，在不超过容量限度的情况下，可以驱动多台电动机并联运行，具有不选择负载的通用性。

其缺点是当电动机处于再生发电状态时，反馈到直流侧的无功能量难以反馈给交流电网。要实现这部分能量向电网的反馈，必须采用可逆变流器。如图1-18所示，电网侧交流器采用两套全控整流器反并联，电动机由电桥Ⅰ供电，反馈时电桥Ⅱ做有源逆变运行（$\alpha > 90°$），将再生能量反馈给电网。

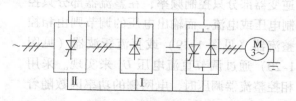

图1-18　再生能量回馈型电压型变频器

2）电流型交-直-交变频器。当交-直-交变频器的中间直流环节采用大电感滤波时，直流电流波形比较平直，因而电源内阻很大，对负载来说基本上是一个电流源，逆变电路输出的电流波为矩形波。电流型交-直-交变频器适用于频繁可逆运转的变频器和大容量的变频器中。电流型交-直-交变频器的主电路结构如图1-17b所示。这种变频器的逆变器中晶闸管每周期工作120°，属于120°导电型变频器。

电流型交-直-交变频器的一个较突出的优点是：当电动机处于再生发电状态时，反馈到直流侧的再生电能可以方便地回馈到交流电网，不需在主电路内附加任何设备，只要利用电网侧的不可逆变流器改变其输出电压极性（触发延迟角 $\alpha > 90°$）即可。

这种电流型交-直-交变频器可用于频繁加、减速的大功率电动机的传动，在大功率风机、泵类节能调速中也有应用。

（3）交-交变频器和交-直-交变频器的特点　交-直-交变频器与交-交变频器主要特点的比较见表1-1。

表1-1　交-直-交变频器与交-交变频器主要特点的比较

| 比较项目 \ 类别 | 交-直-交变频器 | 交-交变频器 |
|---|---|---|
| 换能形式 | 两次换能，效率略低 | 一次换能，效率较高 |
| 换相方式 | 强迫换相或负载谐振换相 | 电源电压换相 |
| 装置元器件的数量 | 元器件数量较少 | 元器件数量较多 |
| 调频范围 | 频率调节范围宽 | 一般情况下，输出最高频率为电网频率的1/3～1/2 |
| 电网功率因数 | 用可控整流方式调压时，功率因数在低压时较低；用斩波器或PWM方式调压时，功率因数较高 | 较低 |
| 适用场合 | 可用于各种电力拖动装置，稳频、稳压电源和不间断电源 | 特别适用于低速大功率拖动 |

**2. 按调压方式的不同分类**

按调压方式的不同，交-直-交变频器又分为脉幅调制交-直-交变频器和脉宽调制交-直-交变频器两种。

（1）脉幅调制交-直-交变频器　脉幅调制方式（PAM）是通过改变电压源的电压 $U_d$ 或电流源的电流 $I_d$ 的幅值进行输出控制的方式。因此，脉幅调制交-直-交变频器在逆变器部分只控制频率，在整流器部分只控制电压或电流，而输出电压的调节则由相控整流器（见图1-19）或直流斩波器（见图1-20）通过调节直流电压 $U_d$ 来实现。采用相控整流器调压时，电网侧的功率因数随着

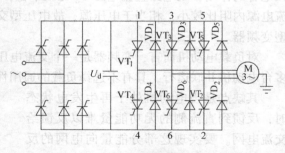

图1-19　采用相控整流器的PAM方式

调节深度的增加而降低，而采用直流斩波器调压时，电网侧的功率因数在不考虑谐波影响时，可以达到 $\cos\phi \approx 1$。

在PAM方式下，高压和低压时六脉冲方波逆变器的输出电压波形如图1-21所示。

（2）脉宽调制交-直-交变频器。脉宽调制方式是指变频器输出电压的大小是通过改变输出脉冲的占空比来实现的一种调制方式，简称PWM方式。PWM方式主电路如图1-22a所

示。变频器中的整流器采用不可控的二极管整流电路。变频器的输出频率和输出电压的调节均由逆变器按 PWM 方式来完成。

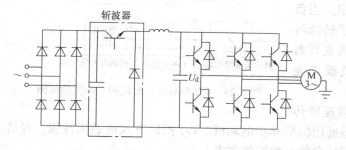

图 1-20　采用直流斩波器的 PAM 方式

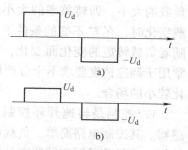

图 1-21　六脉冲方波逆变器
输出电压波形
a）高压时　b）低压时

PWM 方式调节时的波形如图 1-22b 所示。其调压原理是：利用参考电压波与载频三角波的互相比较来决定主开关器件的导通时间，从而实现调压，即利用脉冲宽度的改变来得到幅值不同的正弦基波电压。这种参考信号为正弦波，输出电压波形近似为正弦波的 PWM 方式称为正弦 PWM 方式，简称 SPWM 方式。通用变频器均采用 SPWM 方式进行调压。此调压方式是一种最常用的调压方式。

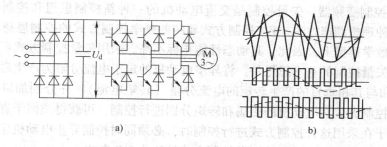

图 1-22　PWM 方式主电路和调节时的波形
a）主电路　b）调节时的波形

### 3. 按变频的控制方式分类

按变频的控制方式不同，变频器可以分为 $V/f$ 控制变频器、转差频率控制变频器和矢量控制变频器三种类型。

（1）$V/f$ 控制变频器　$V/f$ 控制即压频比控制。它的基本特点是对变频器输出的电压和频率同时进行控制，通过保持 $V/f$ 的恒定来使电动机获得所需的转矩特性。$V/f$ 控制在基频以下可以实现恒转矩调速，在基频以上则可以实现恒功率调速。这种方式的控制电路成本低，多用于精度要求不高的通用变频器中。

$V/f$ 控制方式又称为 VVVF 控制方式，其简化的工作原理框图如图 1-23 所示。主电路中的逆变器采用 BJT，并通过 PWM 方式进行控制。逆变器的控制脉冲发生器同时受控于频率指令 $f^*$ 和电压指令 $V$，而 $f^*$ 与 $V$ 之间的关系是由 $V/f$ 曲线发生器决定的。这样经 PWM 控制之后，变频器的输出频率 $f$ 和输出电压 $V$ 之间的关系就是 $V/f$ 曲线发生器所确定的关系。由

图1-23可见，转速的改变是靠改变频率的设定值 $f^*$ 来实现的。电动机的实际转速要根据负载的大小，即转差率的大小来确定。当负载变化时，在 $f^*$ 不变的条件下，转子转速将随着负载转矩的变化而变化，故此类变频器常用于调速精度要求不十分严格或负载 $f^*$ 变化较小的场合。

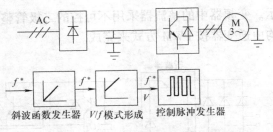

图1-23　$V/f$ 控制方式简化的工作原理框图

$V/f$ 控制是转速开环控制，无须速度传感器。其控制电路简单，负载可以是通用标准异步电动机。$V/f$ 控制方式的通用性强，经济性好，是目前通用变频器产品中使用较多的一种控制方式。

（2）转差频率控制变频器　SF控制即转差频率控制，是建立 $V/f$ 控制基础上的一种改进控制方式。在 $V/f$ 控制方式下，如果负载变化，那么转速也会随之变化，并且转速的变化量与转差率成正比。$V/f$ 控制的静态调速精度较差，可采用转差频率控制方式来提高调速精度。采用转差频率控制方式，变频器可通过电动机、速度传感器构成速度反馈闭环调速系统。变频器的输出频率由电动机的实际转速与转差频率之和来自动设定，从而可以在进行调速控制的同时，使输出转矩得到控制。该方式是闭环控制，故与 $V/f$ 控制相比，其调速精度与转矩动特性较优。但是，由于这种控制方式需要在电动机轴上安装速度传感器，并需要依据电动机特性调节转差，故其通用性较差。

（3）矢量控制变频器　矢量控制是交流电动机的一种新控制思想和控制技术，也是异步电动机的一种理想调速方法。$V/f$ 控制方式和转差频率控制方式的控制思想都建立在异步电动机的静态数学模型上，因此，其动态性能指标不高。采用矢量控制方式可提高变频调速的动态性能。矢量控制的基本思想是：将异步电动机的定子电流分解为产生磁场的电流分量（励磁电流）和与其相垂直的产生转矩的电流分量（转矩电流），并分别加以控制，即模仿直流电动机的控制方式对电动机的磁场和转矩分别进行控制，可获得类似于直流调速系统的动态性能。由于在采用这种控制方式进行控制时，必须同时控制异步电动机定子电流的幅值和相位，即控制定子电流矢量，故这种控制方式被称为VC方式。

VC方式使异步电动机的高性能成为可能。矢量控制变频器不仅在调速范围上可以与直流电动机相匹敌，而且可以直接控制异步电动机转矩的变化，所以已经在许多需要精密控制或快速控制的领域得到应用。

（4）变频器三种控制方式的特性比较　变频器三种控制方式的特性比较见表1-2。

**4. 按用途分类**

（1）通用变频器　通用变频器的特点是具有通用性。随着变频技术的发展和市场需要的不断扩大，通用变频器也在朝着两个方向发展：一是低成本的简易型通用变频器；二是高性能的多功能通用变频器。它们分别具有以下特点：

1）简易型通用变频器是一种以节能为主要目的而简化了一些系统功能的通用变频器。它主要应用于水泵、风扇、鼓风机等对系统调速性能要求不高的场合，并具有体积小、价格低等优势。

2）高性能的多功能通用变频器在设计过程中充分考虑了在变频器应用过程中可能出现的各种需要，并为满足这些需要在系统软件和硬件方面都做了相应的准备。在使用时，用户

表 1-2　变频器三种控制方式的特性比较

| 比较项目 | 类别 | V/f 控制 | 转差频率控制 | 矢 量 控 制 |
|---|---|---|---|---|
| 加减速特性 | | 加减速控制有限度，四象限运行时在零速度附近有空载时间，过电流抑制能力小 | 加减速控制有限度（比 V/f 控制有提高），四象限运行时通常在零速度附近有空载时间，过电流抑制能力中 | 加减速控制无限度，可以进行连续四象限运转，过电流抑制能力大 |
| 速度控制 | 范围 | 1:10 | 1:20 | 1:100 以上 |
| | 响应 | — | 5~10r/s | 30~100r/s |
| | 控制精度 | 转差频率根据负载条件发生变动 | 与速度检出精度、控制运算精度有关 | 模拟最大值的 0.5%，数字最大值的 0.05% |
| 转矩控制 | | 原理上不可能 | 除车辆调速外，一般不适用 | 适用，可以控制静止转矩 |
| 通用性 | | 基本上不需要因电动机特性的差异进行调整 | 需要根据电动机特性给定转差频率 | 根据电动机不同的特性，需要给定磁场电流、转矩电流、转差频率等多个控制量 |
| 控制构成 | | 最简单 | 较简单 | 稍复杂 |

可以根据负载特性选择算法并对变频器的各种参数进行设定，也可以根据系统的需要选择厂家所提供的各种备用选件来满足系统的特殊需要。高性能的多功能通用变频器除了可以应用于简易型变频器的所有应用领域之外，还可以广泛应用于电梯、数控机床、电动车辆等对调速系统性能有较高要求的场合。

（2）专用变频器

1）高性能专用变频器。随着控制理论、交流调速理论和电力电子技术的发展，异步电动机的矢量控制技术得到发展，矢量控制变频器以及由其专用电动机构成的交流伺服系统已经达到并超过了直流伺服系统的水平。此外，由于异步电动机还具有环境适应性强、维护简单等许多直流伺服电动机所不具备的优点，所以在要求高速度、高精度的控制中，这种高性能交流伺服变频器正在逐步代替直流伺服系统。

2）高频变频器。在超精密机械加工过程中，经常要用到高速电动机。为了满足高速电动机驱动的需要，出现了采用 PAM 控制的高频变频器。其输出主频可达 3kHz，驱动两极异步电动机时的最高转速为 180 000r/min。

3）高压变频器。高压变频器一般是大容量的变频器，最高容量可达到 5 000kW，电压等级为 3kV、6kV、10kV。

**三、MM420 型变频器**

MM420 型变频器主要用于传送带、材料运输机、风机、泵类、机床驱动等负载。其主要特点是：易于安装，易于调试，采用牢固的 EMC 设计，可由 IT（中性点不接地）电源供电，可快速重复地响应控制信号，参数设置的范围很广，确保它可对广泛的应用对象进行配置，电缆连接简便，采用模块化设计，配置非常灵活，脉宽调制的频率高，电动机运行的噪声低，具有详细的变频器状态信息和信息集成功能。

MM420 型变频器有多种可选件供用户选用，如用于与 PC 通信的通信模块、基本操作面板（BOP）、高级操作面板（AOP），用于进行现场总线通信的 PROFIBUS 通信模块、CAN

通信模块、Device Net 通信模块、EMC 滤波器、LC 滤波器、进线电抗器、输出电抗器、PC 至变频器连接组件、PC 至 AOP 连接组件、密封盖板—FSA、密封盖板—FSB、密封盖板—FSC、AOP 柜门安装组件、BOP/AOP 柜门安装组件、制动电阻、输出电抗器、LC 输出滤波器等。

MM420 型变频器按工作电流及其外形尺寸可分为 A 型（4.5A/4.1A）、B 型（11.2A/10.2A）和 C 型（32.6A/29.7A）三种类型。如图 1-24 所示。其外形尺寸见表 1-3。

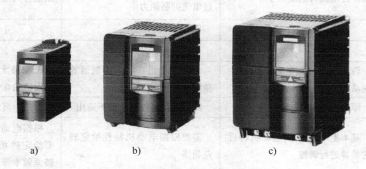

图 1-24　MM420 型变频器的类型
a）A 型　b）B 型　c）C 型

**表 1-3　MM420 型变频器的外形尺寸**

| 外形尺寸类型 | 外形尺寸 |
| --- | --- |
| A 型（宽度×高度×深度） | 73mm×173mm×149mm |
| B 型（宽度×高度×深度） | 149mm×202mm×172mm |
| C 型（宽度×高度×深度） | 185mm×245mm×195mm |

# 第二节　变频器的原理

## 一、变频器的基本工作原理

异步电动机的同步转速，即旋转磁场的转速为

$$n_1 = \frac{60f}{p}$$

式中　$n_1$——同步转速（r/min）；

　　　$f_1$——定子电流频率（Hz）；

　　　$p$——栅极对数。

异步电动机的轴转速为

$$n = n_1(1-s) = \frac{60f_1}{p}(1-s)$$

式中　$s$——异步电动机的转差率，$s = (n_1 - n)/n_1$。

改变异步电动机的供电频率，可以改变其同步转速，实现调速运行。

对异步电动机进行调速控制时，希望其主磁通保持额定值不变。若主磁通太弱，则对铁心的利用不充分，在同样的转子电流下，电磁转矩小，电动机的负载能力下降；若主磁通太强，则电动机会处于过励磁状态，使励磁电流过大，这就限制了定子电流的负载分量，此时要使电动机不过热，需降低负载。异步电动机的主磁通是由定子、转子的合成磁动势产生的，那么如何才能使主磁通保持恒定呢？

由电动机理论可知，三相异步电动机定子每相电动势的有效值为

$$E_1 = 4.44 f_1 N_1 \Phi_m$$

式中　$E_1$——旋转磁场切割定子绕组产生的感应电动势（V）；

$\quad\quad f_1$——定子电流频率（Hz）；

$\quad\quad N_1$——定子相绕组有效匝数；

$\quad\quad \Phi_m$——每极磁通量（Wb）。

可见，$\Phi_m$ 的值是由 $E_1$ 和 $f_1$ 共同决定的，对 $E_1$ 和 $f_1$ 进行适当的控制，就可以使其保持额定值不变。具体分析如下：

（1）基频以下的恒磁通变频调速　这是考虑从基频（电动机额定频率 $f_{1n}$）向下调速的情况。为了保持电动机的负载能力，应保持主磁通 $\Phi_m$ 不变，这就要求在降低供电频率的同时降低感应电动势，保持 $E_1/f_1$ 为常数，即通过保持电动势与频率之比为常数来进行控制。这种控制方式又称为恒磁通变频调速，属于恒转矩调速方式。

但是，$E_1$ 难于直接检测和直接控制。当 $E_1$ 和 $f_1$ 的值较高时，定子的漏阻抗压降相对比较小，若定子的漏阻抗压降值忽略不计，则可以近似地保持定子相电压 $U_1$ 和频率 $f_1$ 的比值为常数，即保持 $U_1/f_1$ 为常数即可。这就是恒压频比控制方式，是近似的恒磁通控制。

当频率较低时，$U_1$ 和 $E_1$ 都较小，定子漏阻抗压降（主要是定子电阻压降）不能再忽略。在这种情况下，可以人为地适当提高定子电压，以补偿定子电压降的影响，使主磁通量基本保持不变。如图 1-25 所示，其中，曲线 1 表示 $U_1/f_1 = C$ 时的电压和频率的关系，曲线 2 表示有电压补偿时（近似的 $E_1/f_1 = C$）的电压和频率的关系。实际装置中 $U_1$ 与 $f_1$ 的函数关系并不简单地如曲线 2 所示。在通用变频器中，$U_1$ 与 $f_1$ 之间的函数关系有很多种，可以根据负载性质和运行状况加以选择。

（2）基频以上的弱磁通变频调速　这是考虑由基频开始向上调速的情况。频率由额定值 $f_{1n}$ 向上增大，但电压 $U_1$ 受额定电压 $U_{1n}$ 的限制不能再升高，只能保持 $U_1 = U_{1n}$ 不变，必然会使主磁通随着 $f_1$ 的上升而减小，相当于直流电动机弱调速的情况，属于近似的恒功率调速方式。

综合上述两种情况，异步电动机变频调速的基本控制方式如图 1-26 所示。

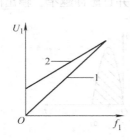

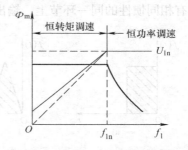

图 1-25　$V/f$ 的控制关系　　　　图 1-26　异步电动机变频调速的基本控制方式

由上面的分析可知，异步电动机的变频调速必须按照一定的规律同时改变其定子电压和频率，即必须通过变频装置获得电压频率均可调节的供电电源，实现所谓的 VVVF（Variable Voltage Variable Freqency）调速控制。变频器可满足这种异步电动机变频调速的基本要求。

### 二、变频器的脉宽调制技术

脉宽调制控制方式就是对逆变电路开关器件的通断进行控制，使输出端得到一系列幅值相等而宽度按正弦规律变化的脉冲，用这些脉冲来代替正弦波所需要的波形。也就是在输出波形的一个周期中产生若干个脉冲，使各脉冲的等值电压为正弦波状，所获得的输出脉冲平滑且低次谐波少。按一定的规则对各脉冲的宽度进行调制，既可改变逆变电路输出电压的大小，也可以改变输出频率的大小。

图 1-27 所示为电压型相控交- 直- 交型变频电路。为了使输出电压和输出频率都得到控制，变频器通常由一个可控整流电路和一个逆变电路组成，通过控制整流电路可以改变输出电压，通过控制逆变电路可以改变输出频率。图 1-28 所示为电压型 PWM 交- 直- 交型变频电路。图 1-28 中的可控整流电路在这里由不可控整流电路代替，逆变电路采用自关断器件。这种 PWM 型变频电路的主要特点有：可以得到波形相当接近正弦波的输出电压；整流电路采用二极管，可获得接近于 1 的功率因数；电路结构简单；通过控制输出脉冲宽度可以改变输出电压，加快变频过程中的动态响应。

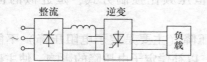

图 1-27　电压型相控交- 直- 交型变频电路　　　　图 1-28　电压型 PWM 交- 直- 交型变频电路

基于上述原因，在自关断器件出现并成熟后，PWM 控制技术获得了很快的发展，已成为电力电子技术中一个重要的组成部分。

### 1. PWM 控制的基本原理

在采样控制理论中有一个重要的结论，即将冲量相等而形状不同的窄脉冲加在具有惯性的环节上，其效果基本相同。冲量是指窄脉冲的面积。这里所说的效果基本相同，是指该环节的输出响应波形基本相同。若把各输出波形用傅里叶变换分析，则它们的低频段特性非常接近，仅在高频段略有差异。如图 1-29 所示，阴影部分的面积（即冲量）都等于 1。把它们分别加在具有相同惯性的同一环节上，输出响应基本相同，并且脉冲越窄，输出的差异就越小。

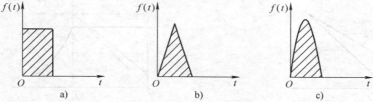

图 1-29　冲量相等形状不同的三种窄脉冲
a）矩形脉冲　b）三角形脉冲　c）正弦半波脉冲

上述结论是 PWM 控制的重要理论基础。下面来分析如何用一系列等幅而不等宽的脉冲代替正弦波。

把图 1-30a 所示的正弦半波波形 $N$ 等分，就可把正弦半波看成由 $N$ 个彼此相连的脉冲所组成的波形。这些脉冲宽度相等，都等于 $\pi/N$，但幅值不等，且脉冲顶部不是水平直线，而是曲线，各脉冲的幅值按正弦规律变化。如果把上述脉冲序列用同样数量的等幅而不等宽的矩形脉冲序列代替，使矩形脉冲的中点和相应正弦等分的中点重合，且使矩形脉冲和相应正弦部分面积（冲量）相等，那么就可以得到图 1-30b 所示的脉冲序列，这就是 PWM 波形。可以看出，各脉冲的宽度是按正弦规律变化的。根据冲量相等效果相同的原理，PWM 波和正弦半波是等效的。对于正弦波的负半周，也可以用同样的方法得到 PWM 波。像这种脉冲的宽度按正弦规律变化而和正弦波等效的 PWM 波，也称为 SPWM 波。

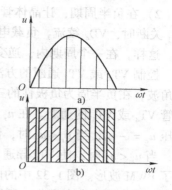

图 1-30　PWM 控制原理示意图

在 PWM 波中，各脉冲的幅值是相等的，当需要改变等效输出正弦波的幅值时，只要按同一比例系数改变各脉冲的宽度即可。因此，在图 1-28 所示的交-直-交型变频器中，整流电路采用不可控的二极管电路即可，PWM 逆变电路输出的脉冲电压就是直流侧电压的幅值。

根据上述原理，在给出了正弦波频率、幅值和半个周期内的脉冲数后，PWM 波各脉冲的宽度和间隔就可以准确地计算出来。根据计算机的计算结果控制电路中各开关器件的通断，就可以得到所需要的 PWM 波形。但是，这种计算很烦琐，当正弦波的频率、幅值等变化时，结果都会变化。较为实用的是采用调制的方法，即把所希望的波形作为调制信号，把接受调制的信号作为载波，通过对载波的调制得到所期望的 PWM 波形。一般采用等腰三角波作为载波，因为等腰三角波上下宽度与高度呈线性关系且左右对称，当它与任何一个平缓变化的调制信号波相交时，如果在交点时刻控制电路中开关器件的通断，那么就可以得到宽度正比于信号波幅值的脉冲，这正好符合 PWM控制要求。当调制信号波为正弦波时，所得到的波形就是 SPWM 波形。这种情况使用最广，本章所介绍的 PWM 控制主要就是指 SPWM 控制。当调制信号不是正弦波时，也能得到与调制信号等效的 PWM 波形。

图 1-31 所示为采用电力晶体管作为开关器件的电压型单相桥式逆变电路。如果负载为电感性的，那么对各晶体管的控制按下面的规律进行：

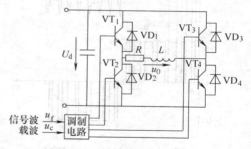

图 1-31　电压型单相桥式逆变电路

1）在正半周期，让晶体管 $VT_1$ 一直保持导通，而让晶体管 $VT_4$ 交替通断。当 $VT_1$ 和 $VT_4$ 都导通时，负载上所加的电压为直流电源电压 $U_d$。当 $VT_1$ 导通而使 $VT_4$ 关断后，由于电感性负载中的电流不能突变，负载电流将通过二极管 $VD_3$ 续流，若忽略晶体管和二极管的导通压降，则负载上所加的电压为零。若负载电流较大，则直到使 $VT_4$ 再一次导通之前，

$VD_3$ 一直持续导通。若负载电流较快地衰减到零，则在 $VT_4$ 再一次导通之前，负载电压也一直为零。这样，负载上的输出电压 $u_o$ 就可得到零和 $U_d$ 交替的两种电平。

2）在负半周期，让晶体管 $VT_2$ 保持导通。当 $VT_3$ 导通时，负载被加上负电压 $-U_d$；当 $VT_3$ 关断时，$VD_4$ 续流，负载电压为零，负载上的输出电压 $u_o$ 可得到 $U_d$ 和零交替的两种电平。这样，在一个周期内，逆变器输出的 PWM 波形就由 $\pm U_d$ 和零三种电平组成。

控制 $VT_4$ 或 $VT_3$ 通断的方法如图 1-31 所示。载波 $u_c$ 在信号波 $u_r$ 的正半周为正极性的三角波，在负半周为负极性的三角波，调制信号 $u_r$ 为正弦波。在 $u_r$ 和 $u_c$ 的交点时刻控制晶体管 $VT_4$ 或 $VT_3$ 的通断。在 $u_r$ 的正半周，$VT_1$ 保持导通，当 $u_r > u_c$ 时，使 $VT_4$ 导通，负载电压 $u_o = -u_d$；当 $u_r < u_c$ 时，使 $VT_4$ 关断，$u_o = 0$。在 $u_r$ 的负半周，$VT_1$ 关断，$VT_2$ 保持导通，当 $u_r < u_c$ 时，使 $VT_3$ 导通，$u_o = -u_d$；当 $u_r > u_c$ 时，使 $VT_3$ 关断，$u_o = 0$。这样，就得到了 PWM 波形。图 1-32 中的虚线 $u_{of}$ 表示 $u_o$ 中的基波分量。像这种在 $u_r$ 的半个周期内三角波载波只在一个方向变化，所得到的 PWM 波形也只在一个方向变化的控制方式称为单极性 PWM 控制方式。

与单极性 PWM 控制方式不同的是双极性 PWM 控制方式。图 1-31 所示的电压型单相桥式逆变电路采用双极性控制方式时的波形如图 1-33 所示。仍然在调制信号 $u_r$ 和载波信号 $u_c$ 的交点时刻控制各开关器件的通断。在 $u_r$ 的正、负半周，对各开关器件的控制规律相同，当 $u_r > u_c$ 时，给晶体管 $VT_1$ 和 $VT_4$ 以导通信号，给 $VT_2$ 和 $VT_3$ 以关断信号，输出电压 $u_o = -u_d$。可以看出，同一个半桥上下两个桥晶体管的驱动信号极性相反，处于互补工作方式。当感性负载电流较大时，直到下一次 $VT_1$ 和 $VT_4$ 重新导通前，负载电流方向始终未变，$VD_2$ 和 $VD_3$ 持续导通，而 $VT_2$ 和 $VT_3$ 始终未导通。从 $VT_2$ 和 $VT_3$ 导通向 $VT_1$ 和 $VT_4$ 导通切换时，$VD_1$ 和 $VD_4$ 的续流情况和上述情况类似。

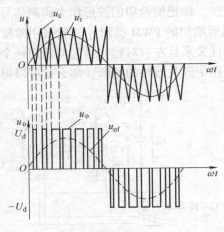

图 1-32 单极性 PWM 波形

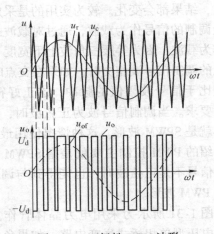

图 1-33 双极性 PWM 波形

在 PWM 型逆变电路中，使用最多的是图 1-34 所示的三相桥式逆变电路，其控制方式一般都采用双极性 PWM 控制方式。U、V 和 W 三相的 PWM 控制通常共有一个三角波载波 $u_c$，三相调制信号 $u_{rU}$、$u_{rV}$ 和 $u_{rW}$ 的相位依次相差 120°。U、V 和 W 各相功率开关器件的控制规律相同，现以 U 相为例来说明。当 $u_{rU} > u_c$ 时，若给上桥臂晶体管 $VT_1$ 以导通信号，给下桥臂晶体管 $VT_4$ 以关断信号，则 U 相相对于直流电源假想中性点 N' 的输出电压 $u_{UN'} = u_d/2$；

当 $u_{rU} < u_c$ 时，给 VT$_4$ 以导通信号，给 VT$_1$ 以关断信号，则 $u_{UN'} = -u_d/2$。VT$_1$ 和 VT$_4$ 的驱动信号始终是互补的。当给 VT$_1$（VT$_4$）加导通信号时，可能是 VT$_1$（VT$_4$）导通，也可能是二极管 VD$_1$（VD$_4$）续流导通，这要通过感性负载中原来电流的方向和大小来决定，和单相桥式逆变电路双极性 PWM 控制时的情况相同。V 相和 W 相的控制方式和 U 相相同。$u_{UN'}$、$u_{VN'}$ 和 $u_{WN'}$ 的波形如图 1-35 所示。这些波形都只有 $\pm u_d$ 两种电平。这种逆变电路相电压（$u_{UN'}$、$u_{VN'}$、$u_{WN'}$）只能输出两种电平的三相桥式电路，无法实现单极性 PWM 控制。图 1-34 中线电压 $u_{UV}$ 的波形可由 $u_{UN'} - u_{VN'}$ 得出。当 VT$_1$ 和 VT$_6$ 导通时，$u_{UV} = U_d$，当 VT$_3$ 和 VT$_4$ 导通时，$u_{UV} = -U_d$；当 VT$_1$ 和 VT$_3$ 或 VT$_4$ 和 VT$_6$ 导通时，$u_{UV} = 0$。因此，逆变器输出线电压由 $\pm U_d$、0 三种电平构成。图 1-34 中负载相电压的计算公式为

$$u_{UN} = u_{UN'} - \frac{(u_{UN'} + u_{VN'} + u_{WN'})}{3}$$

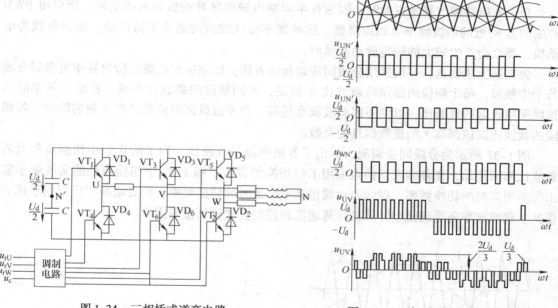

图 1-34　三相桥式逆变电路　　　　　图 1-35　三相 PWM 逆变电路的波形

从图 1-35 可以看出，三相 PWM 逆变电路的波形由 $\pm 2U_d/3$、$\pm U_d/3$ 和零 5 种电平组成。在双极性 PWM 控制方式中，同一相上下两个驱动信号都是互补的。但实际上为了防止上下两个管子直通而造成短路，在给一个桥臂加关断信号后，再延迟 $\Delta t$ 时间，才给另一个桥臂施加导通信号。延迟时间的长短主要由功率开关器件的关断时间决定。这个延迟时间将影响输出的 PWM 波形，使其偏离正弦波。

**2. PWM 型逆变电路的控制方式**

在 PWM 型逆变电路中，载波频率 $f$ 与调制信号频率 $f_r$ 之比 $N$（$N = f_c/f_r$）称为载波比。根据载波和信号波是否同步及载波比的变化情况，PWM 型逆变电路可以分为异步调制和同步调制两种控制方式。

（1）异步调制　载波信号和调制信号不保持同步关系的调制方式称为异步调制。

图 1-35 中的波形就是异步调制三相 PWM 波形。在调制信号的半个周期内,输出脉冲的个数不固定,脉冲相位也不固定,正、负半周期的脉冲不对称,同时,半周期内前后 1/4 周期的脉冲也不对称。

当调制信号频率较低时,载波比 $N$ 较大,半周期内的脉冲数较多,正、负半周期脉冲不对称和半周期内前后 1/4 周期脉冲不对称的影响都较大,输出波形接近正弦波。当调制信号频率增大时,载波比 $N$ 减小,半周期内的脉冲数减少,输出脉冲的不对称性影响就变大,并且会出现脉冲的跳动。同时,输出波形和正弦波之间的差异也变大,电路输出特性变坏。对于三相 PWM 型滤波电路来说,三相输出的对称性变差。因此,在采用异步调制方式时,希望尽快提高载波频率,以便在控制信号频率较高时仍能保持较大的载波比,改善输出特性。

(2) 同步调制 载波比 $N$ 等于常数,并在变频时使载波信号和调制信号保持同步的调制方式称为同步调制。图 1-36 所示的波形是 $N=9$ 时的同步调制三相 PWM 波形。

在逆变电路输出频率很低时,因为在半周期内输出脉冲的数目是固定的,所以由 PWM 产生的 $f_c$ 附近的谐波频率也相应降低。这种频率较低的谐波通常不易滤除,如果负载为电动机,那么会产生较大的转矩脉动和噪声。

为克服上述缺点,一般采用分段同步调制的方法,即把逆变电路的输出频率范围划分成若干个频段,每个频段内都保持载波比 $N$ 恒定,不同频段的载波比不同。在输出频率的高频段采用较低的载波比,以使不因载波频率过高、功率过低而对负载产生不利的影响。各频段的载波比应该都取 3 的整数倍且为奇数。

图 1-37 所示为分段同步调制,标出了各频率段的载波比。为了防止频率切换点附近的载波比来回跳动,在各频率切换点采用了后切换的方法。图 1-37 中切换点处的实线表示输出频率增高时的切换频率,虚线表示输出频率降低时的切换频率,前者略高于后者而形成后切换。载波频率还受到微型计算机计算速度和控制算法计算量的限制。

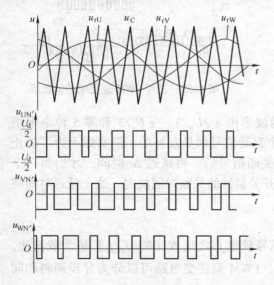

图 1-36 $N=9$ 时的同步调制三相 PWM 波形

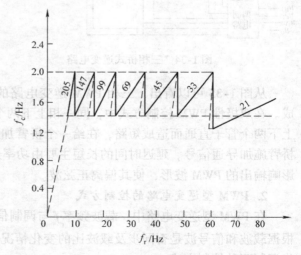

图 1-37 分段同步调制

同步调制方式比异步调制方式复杂一些，但使用微型计算机控制时还是容易实现的。有些电路在低频输出时采用异步调制方式，而在高频输出时切换到同步调制方式。这种方式可把两者的优点结合起来，其效果和分段同步调制方式的效果接近。

# 第三节 变频器的安装、接线与维护

## 一、变频器的安装

### 1. 通用变频器的安装要求

变频器属于电子器件装置。为了确保变频器安全、可靠、稳定地运行，变频器的安装环境应满足下列要求：

（1）环境温度 温度是影响变频器寿命及可靠性的重要因素，一般要求变频器工作时的环境温度为 –10 ~ 40℃。若散热条件好（在除去外壳的情况下），则上限温度可提高到50℃。如果变频器长期不用，那么存放温度最好为 –10 ~ 30℃。若不能满足这些要求，则应安装空调。

（2）相对湿度 相对湿度不应超过90%（无结露现象）。对于新建厂房和在阴雨季节，每次开机前，应检查变频器是否有结露现象，以避免变频器发生短路故障。

（3）安装场所 变频器应在海拔高度 1 000m 以下使用。如果海拔高度超过 1 000m，那么变频器的散热能力会下降，变频器的最大允许输出电流和电压都要降低。

在室内使用时，变频器应安装在无直射阳光、无腐蚀性气体、无易燃气体、尘埃少的环境。潮湿、腐蚀性气体及尘埃是造成变频器内部电子器件生锈、接触不良、绝缘性能降低的重要因素。对于有导电性尘埃的场所，变频器要采用封闭结构；对于有可能产生腐蚀性气体的场所，应对变频器控制板进行防腐处理。

### 2. MM420 型变频器的固定与安装

（1）MM420 型变频器的固定 MM420 型变频器有 A、B、C 三种不同尺寸的类型。这三种变频器都可以在安装面上钻孔，利用螺栓固定在安装面上。三种变频器的安装钻孔位置如图 1-38 所示。另外，A 型变频器还可以安装在固定于安装面的导轨上。MM420 型变频器的外形尺寸和螺栓紧固力矩见表 1-4。

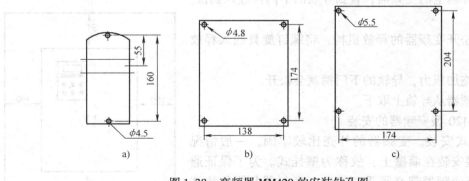

图 1-38 变频器 MM420 的安装钻孔图

a）A 型 b）B 型 c）C 型

**表 1-4　MM420 型变频器的外形尺寸和螺栓紧固力矩**

| 类　型 | 外 形 尺 寸 | 固 定 方 法 | 螺栓紧固力矩 |
|---|---|---|---|
| A 型<br>（宽度×高度×深度） | 73mm×173mm×149mm | 2×M4 螺栓<br>2×M4 螺母<br>2×M4 垫圈 | 2.5N·m<br>带安装配套垫圈 |
| B 型<br>（宽度×高度×深度） | 149mm×202mm×172mm | 4×M4 螺栓<br>4×M4 螺母<br>4×M4 垫圈 | 2.5N·m<br>带安装配套垫圈 |
| C 型<br>（宽度×高度×深度） | 185mm×245mm×195mm | 4×M5 螺栓<br>4×M5 螺母<br>4×M5 垫圈 | 2.5N·m<br>带安装配套垫圈 |

图 1-39 所示为 MM420 A 型变频器在导轨上的安装与拆卸。其安装与拆卸的方法如下：

图 1-39　MM420 A 型变频器在导轨上的安装与拆卸

1）固定

① 用导轨的上闩销把变频器固定到导轨的安装位置上。

② 按压导轨上的变频器，直到导轨的下闩销嵌入到位。

2）拆卸

① 为了松开变频器的释放机构，将螺钉旋具插入释放机构中。

② 向下施加压力，导轨的下闩销就会松开。

③ 将变频器从导轨上取下。

（2）MM420 型变频器的安装

1）壁挂式安装。变频器的外壳比较牢固，一般情况下，允许直接安装在墙壁上，故称为壁挂式。为了保证通风良好，所有变频器都必须垂直安装。变频器与周围物体之间的距离应满足的条件为：左、右两侧各留大于 100mm 的空间；上、下两侧各留大于 150mm 的空间（见图 1-40），

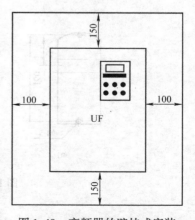

图 1-40　变频器的壁挂式安装

为了防止杂物掉进变频器的出风口阻塞风道，在变频器出风口的上方最好安装挡板。

2）柜式安装方式。当现场的灰尘过多，湿度比较大，或变频器外围配件比较多，需要和变频器安装在一起时，可以采用柜式安装方式。变频器柜式安装是目前最好的安装方式，可以起到很好的屏蔽辐射干扰的作用，同时也有防灰尘、防潮湿、防光照等作用。柜式安装方式的注意事项有：

① 当单台变频器采用柜内冷却方式时，变频柜顶端应安装抽风式冷却风扇，并尽量装在变频器的正上方（这样便于空气流通）。

② 多台变频器安装时应尽量并列安装，若必须采用纵向方式安装，则应在两台变频器间加装隔板。

变频器安装柜有开启式机柜、封闭式机柜和密封式机柜三种。密封式机柜又分为自然式通风机柜和风扇冷却式机柜等。为保证变频器的安全可靠运行，机柜温度不应超过50℃。开启式机柜的保护级别为IP00，封闭式机柜的保护级别为IP20和IP40，密封式机柜的保护级别为IP54、IP65。密封式变频器安装柜的参考尺寸见表1-5。

表1-5 密封式变频器安装柜的参考尺寸

| 变频器装置 | | 损耗（额定时）/W | 密封式概略尺寸/mm | | | 风扇冷却式概略尺寸/mm | | |
|---|---|---|---|---|---|---|---|---|
| 电压/V | 容量/kW | | 宽 | 深 | 高 | 宽 | 深 | 高 |
| 200/220 | 0.4 | 62 | 400 | 250 | 700 | — | — | — |
| | 0.75 | 118 | 400 | 400 | 1 100 | — | — | — |
| | 1.5 | 169 | 500 | 400 | 1 600 | — | — | — |
| | 2.2 | 190 | 600 | 400 | 1 600 | — | — | — |
| | 3.7 | 273 | 1 000 | 400 | 1 600 | — | — | — |
| | 5.5 | 420 | 1 300 | 400 | 2 100 | 600 | 400 | 1 200 |
| | 7.5 | 525 | 1 500 | 400 | 2 300 | | | |
| 400/440 | 0.75 | 102 | 400 | 400 | | | | |
| | 1.5 | 130 | 400 | 400 | 1 400 | | | |
| | 2.2 | 150 | 600 | 400 | 1 600 | | | |
| | 3.5 | 195 | 600 | 400 | 1 600 | | | |
| | 5.5 | 290 | 700 | 600 | 1 900 | | | |
| | 7.5 | 395 | 1 000 | 600 | 1 900 | 600 | 400 | 1 200 |
| | 11 | 580 | 1 600 | 600 | 2 100 | 600 | 600 | 1 600 |
| | 15 | 790 | 2 200 | 600 | 2 300 | 600 | 600 | 1 600 |
| | 22 | 1 160 | 2 500 | 1 000 | 2 300 | 600 | 600 | 1 900 |
| | 30 | 1 470 | 3 500 | 1 000 | 2 300 | 700 | 600 | 2 100 |
| | 37 | 1 700 | 4 000 | 1 000 | 2 300 | 700 | 600 | 2 100 |
| | 45 | 1 940 | 4 000 | 1 000 | 2 300 | 700 | 600 | 2 100 |
| | 55 | 2 200 | 4 000 | 1 000 | 2 300 | 700 | 600 | 2 100 |
| | 75 | 300 | — | — | — | 800 | 550 | 1 900 |
| | 110 | 4 300 | — | — | — | 800 | 550 | 1 900 |
| | 150 | 5 800 | — | — | — | 900 | 550 | 2 100 |
| | 220 | 8 700 | — | — | — | 1 000 | 550 | 2 300 |

**3. 安装时的注意事项**

1）变频器中使用了塑料零件，为了不造成破损，要小心使用，不要在前盖板上施加太大的力。

2）变频器应安置在不易受震动的地方，注意台车、压力机等的震动。

3）注意周围的温度。周围温度对变频器使用寿命的影响很大，因此安装场所的周围温度不能超过允许温度（−10～50℃）。

4）变频器应安装在不可燃物体的表面上。变频器可能达到很高的温度（最高约150℃），为了使热量易于散发，变频器应安装在不可燃物体的表面上，并在其周围留有足够的散热空间。

5）避免安装在有阳光直射、高温和潮湿的场所。

6）避免安装在油雾、易燃性气体、棉尘及尘埃等较多的场所，可安装在能够阻挡悬浮物质的封闭型屏板内。

7）变频器要用螺钉垂直且牢固地安装在安装板上，安装方向如图1-41所示。

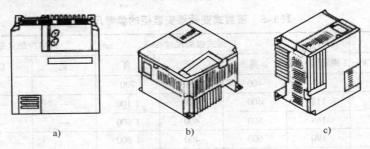

图1-41 变频器的安装的正确方向

a）正确的安装方向 b）、c）错误的安装方向

8）变频器必须可靠接地。

**二、变频器的接线**

变频器的接线如图1-42所示。

**1. 对变频器供电电源的要求**

（1）对交流输入电源的要求 电压持续波动不应超过±10%，电压短暂波动应在−10%～+15%之间；频率波动不应超过±2%，频率的变化速度每秒不应超过±1%；三相电源的负序分量不应超过正序分量的5%。

（2）对直流输入电源的要求 电压波动范围应为额定值的−7.5%～+5%，蓄电池组供电时的电压波动范围应为额定值的±15%，直流电压纹波不应超过额定电压值的15%。

**2. 进行电气连接时的注意事项**

1）不要用高压绝缘测试设备测试与变频器连接的电缆的绝缘情况。

2）即使变频器不处于运行状态，其电源输入线、直流回路端子和电动机端子上也可能带有危险电压。因此，断开开关以后还必须等待5min，保证变频器放电完毕，才能开始安装工作。

3）变频器的控制电缆、电源电缆、与电动机连接的电缆的走线必须相互隔离，不要把它们放在同一个电缆线槽中或电缆架上。

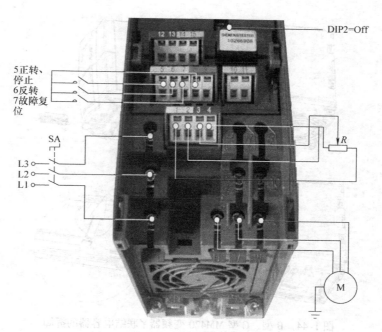

图 1-42　变频器的接线

4）变频器可以在供电电源中性点不接地的情况下运行，而且当输入线中有一相接地短路时仍可继续运行。如果输出有一相接地，那么 MM420 型变频器将跳闸，并显示故障码 F0001。

5）电源（中性点）不接地时需要从变频器中拆掉丫联结的电容器，并安装一台输出电抗器。图 1-43 所示为 A 型 MM420 变频器丫联结电容器的拆卸。图 1-44 所示为 B 型、C 型 MM420 变频器丫联结电容器的拆卸。

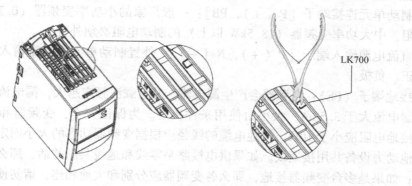

图 1-43　A 型 MM420 变频器丫联结电容器的拆卸

6）在连接变频器或改变变频器接线之前，必须断开电源。

7）确保电动机与电源电压的匹配是正确的。不允许把单相/三相 230V 的 MM420 型变频器连接到电压更高的 400V 三相电源上。

8）连接同步电动机或并联连接几台电动机时，变频器必须在 $V/f$ 控制特性下（P1300 ＝ 0，2 或 3）运行。

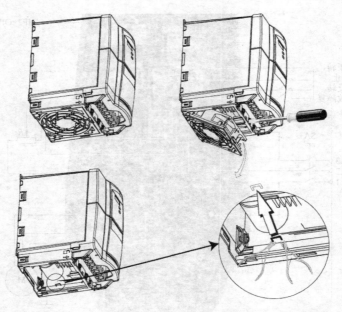

图1-44 B型、C型MM420变频器丫联结电容器的拆卸

9）将电源电缆和电动机电缆与变频器相应的接线端子连接好以后，在接通电源时必须确保变频器的盖子已经盖好。

10）电源输入端子通过线路保护用断路器或带漏电保护的断路器连接到三相交流电源上。需要特别注意的是，三相交流电源绝对不能直接接到变频器输出端子上，否则将导致变频器内部器件损坏。

11）直流电抗器连接端子接改善功率因数用的直流电抗器，因为端子上连接有短路导体，所以使用直流电抗器时，先要取出此短路导体。

12）制动单元连接端子［P（+），PB］：一般厂家的小功率变频器（0.75～15kW）内置制动电阻，中大功率变频器（18.5kW以上）的制动电阻必须外置。

13）直流电源输入端子［P（+），N（-）］：外置制动单元的直流输入端子分别为直流母线的正、负极。

14）接地端子（PE）：变频器会产生漏电流，并且载波频率越大，漏电流也越大。变频器整机的漏电流大于3.5mA，大小由使用条件决定。为保证安全，变频器和电动机必须接地，并且接地电阻应小于10Ω。接地电缆的线径应根据变频器功率的大小而定。切勿与焊接设备及其他动力设备共用接地线。如果供电线路是零线和地线共用的话，那么最好考虑单独敷设地线；如果是多台变频器接地，那么各变频器应分别和大地相连，请勿使接地线形成回路。接地合理化配线如图1-45所示。

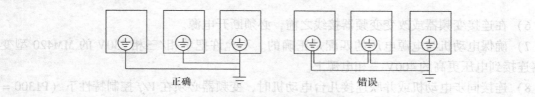

正确　　　　　　　错误

图1-45 接地合理化配线

**3. 变频器与电动机的连接**

（1）变频器与电源、电动机连接的端子　卸下变频器的操作面板，拆除变频器的前端盖板，就会露出变频器的接线端子，其下部的端子就是与电源和电动机连接的端子，如图1-46所示。

图1-46　变频器与电源、电动机连接的端子

（2）变频器与电动机的接线　变频器与电源和电动机可以按照图1-47所示的方法进行连接。供电电源可以是单相交流电，也可以是三相交流电。

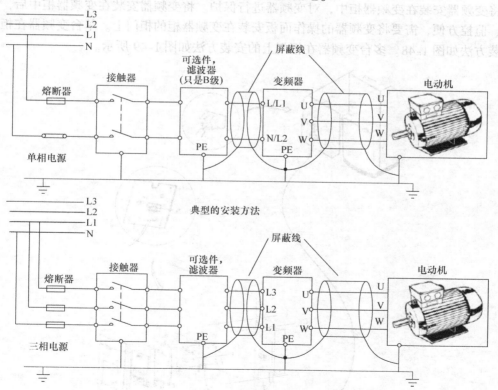

图1-47　变频器与电源和电动机的接线

（3）控制电路接线时的注意事项

1）控制线横截面积的要求：单股导线的横截面积不应小于1.5mm²；多股导线的横截

面积不应小于1.0mm²；弱电回路导线的横截面积不应小于0.5mm²；电流回路导线的横截面积不应小于2.5mm²；保护接地导线的横截面积不应小于2.5mm²。

2）控制线与主电路电缆的敷设。变频器控制线与主回路电缆或其他电力电缆应分开敷设，且应尽量远离主电路100mm以上；尽量不和主电路电缆平行敷设，不和主电路交叉，当必须和主电路电缆交叉时，应采取垂直交叉的方法敷设。

3）电缆的屏蔽。变频器电缆的屏蔽可利用已接地的金属管或者使用带屏蔽功能的电缆。屏蔽层一端接变频器控制电路的公共端（COM），但不要接到变频器地端E上，屏蔽层另一端应悬空。

4）开关量控制线。变频器开关量控制线允许不使用屏蔽线，但同一信号的两根导线必须互相绞在一起，绞合线的绞合间距应尽可能小，并且应将屏蔽层接在变频器的接地端E上。信号线电缆最长不得超过50m。

5）控制电路的接地

① 弱电压电流回路的电线取一点接地，接地线不应作为传送信号的电路使用。

② 电线的接地在变频器侧进行，使用专设的接地端子，且不应与其他的接地端子共用。

**4. AOP柜门组件与变频器的安装**

有时变频器的工作环境比较复杂，为了给变频器提供一个更加安全、可靠的工作环境，需要将变频器安装在变频器柜中，对变频器进行保护。将变频器安装在变频器柜中后，为了操作、监控方便，需要将变频器的操作面板安装在变频器柜的柜门上。单台变频器在柜门上的安装方法如图1-48。多台变频器在柜门上的安装方法如图1-49所示。

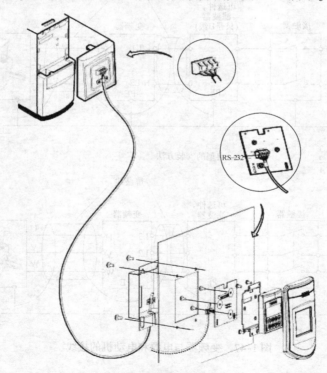

图1-48 单台变频器在柜门上的安装方法

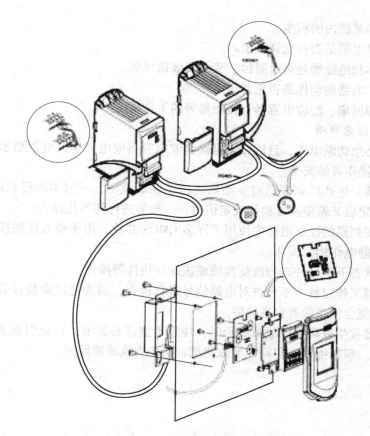

图 1-49　多台变频器在柜门上的安装方法

AOP 柜门组件安装时的注意事项：

1）通信电缆必须用双绞屏蔽电缆，屏蔽层必须接地。

2）DC 24V 电源极性不能接错。

3）AOP 柜门组件的 PE 线必须与变频器的 PE 线可靠连接。

4）AOP 柜门组件连接多台变频器时，需要连接终端电阻。

**三、变频器的日常检查和定期维护**

**1. 变频器的日常检查**

变频器在运行过程中，可以从设备外部目视检查其运行状况有无异常现象，主要检查项目有：

1）电源电压是否在允许范围内。

2）冷却系统是否运转正常。

3）变频器和电动机是否过热、变色或有异味。

4）变频器和电动机是否有异常振动或异响。

5）安装地点的环境有无异常现象。

**2. 变频器的定期维护**

变频器的定期维护应放在暂时停产期间，即在变频器停机后进行，主要维护项目有：

1）对紧固件进行必要的紧固。

2）清扫冷却系统内的积尘。

3）检查绝缘电阻是否在允许范围内。

4）检查导体和绝缘物是否有腐蚀、变色或破损现象。

5）确认保护电路的动作是否正常。

6）检查冷却风扇、滤波电容器、接触器等的工作情况。

**3. 维护时的注意事项**

1）操作前必须切断电源，且应在主电路滤波电容器放电完毕，电源指示灯熄灭后再进行作业，以确保操作者的安全。

2）在出厂前，生产厂家都已对变频器进行了初始设定，一般不能任意改变这些设定。在改变了初始设定后又希望恢复初始设定值时，一般需进行初始化操作。

3）在新型变频器的控制电路中使用了许多 CMOS 芯片，用手指直接触摸印制电路板将会使这些芯片因静电作用而损坏。

4）在通电状态下不允许进行改变接线或拔插连接件等操作。

5）在变频器工作过程中不允许对电路信号进行检查，因为连接测量仪表时所出现的噪声以及误操作可能会使变频器出现故障。

6）当变频器发生故障而无故障显示时，注意不能轻易通电，以免引起更大的故障。当出现这种状况时，应断电做电阻特性参数测试，初步查找故障原因。

# 第二章 变频器的基本应用

## 第一节 变频器的基本操作

### 一、变频器的基本操作

MM420 型变频器在标准供货方式时装有状态显示板（SDP），如图 2-1a 所示。对于大多数用户来说，利用 SDP 和生产厂家的缺省设置值，就可以使变频器投入运行。如果工厂的缺省设置值不适合设备情况，那么可以利用基本操作板（BOP）或高级操作板（AOP）修改参数，使之匹配起来。基本操作面板和高级操作面板分别如图 2-1b、c 所示。BOP 和 AOP 是作为可选件供货的。用户可以用 PCIBN 工具"Drive Monitor"或"STARTER"来调整工厂的设置值。相关的软件在随变频器供货的 CD ROM 中就可以找到。

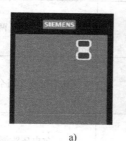

图 2-1 MM420 型变频器的操作面板

a）状态显示板 b）基本操作面板 c）高级操作面板

变频器中用来设置电动机频率的 DIP 开关在 I/O 板的下面，如图 2-2 所示。此处共有两个开关，即 DIP1 开关和 DIP2 开关。DIP1 开关并不是供用户使用的，所以用户不能进行操作。当 DIP2 开关设置在 OFF 位置时，默认频率值为 50Hz，功率单位为 kW，用于欧洲地区和中国；当 DIP2 开关设置在 ON 位置时，默认频率值为 60Hz，功率单位为 hp，用于北美地区。

变频器在调试前需要根据设备所在地区设置频率，即正确选择 DIP2 开关的位置。

### 1. 用状态显示板 SDP 进行调试操作

SDP 上有两个 LED 指示灯，用于显示变频器当前的运行状态，见表 2-1。

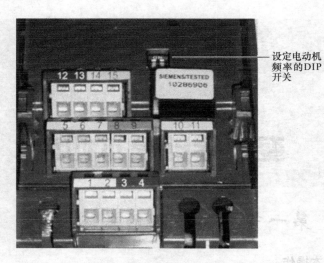

设定电动机频率的DIP开关

图 2-2　用于设定电动机频率的 DIP 开关

**表 2-1　MM420 型变频器 SDP 上 LED 指示灯的指示状态**

| 指　示　灯 | 指 示 状 态 | 指　示　灯 | 指 示 状 态 |
|---|---|---|---|
| ●<br>● | 电源未接通 | ☼ | 变频器温度过高故障 |
| ☼<br>☼ | 运行准备就绪 | ◎<br>◎ | 电流极限报警（两个 LED 同时闪光） |
| ●<br>☼ | 变频器故障（以下列出的故障除外） | ◎<br>◎ | 其他报警（两个 LED 交替闪光） |
| ☼<br>● | 变频器正在运行 | ◎<br>◎ | 欠电压跳闸/欠电压报警 |
| ●<br>◎ | 过电流故障 | ◎<br>◎ | 变频器不在准备状态 |
| ●<br>● | 过电压故障 | ◎<br>◎ | ROM 故障（两个 LED 同时闪光） |
| ◎<br>☼ | 电动机过热故障 | ◎<br>◎ | RAM 故障（两个 LED 交替闪光） |

使用 SDP 时，变频器的预设定值必须与电动机的额定值相符，并且必须满足以下条件：

1）线性 $V/f$，电动机的速度通过一个模拟电位计控制。

2）频率值为 50Hz 时最大速度应为 3 000r/min（60Hz 时为 3 600r/min），通过变频器的模拟输入，可以利用电位计对速度进行控制。

3）斜坡上升时间与下降时间的比值应为 10。

使用变频器上装设的 SDP 可进行以下操作：

1）起动和停止电动机。

2）电动机反转。

3）故障复位。

用状态显示面板 SDP 调试 MM420 型变频器时，MM420 型变频器的缺省设置参数必须适用于驱动装置的应用对象。利用 SDP 操作时 MM420 型变频器的缺省设置值见表 2-2。按以下方法连接各端子：

表 2-2　利用 SDP 操作时 MM420 型变频器的缺省设置值

| 数 字 输 入 | 端 子 号 | 参 　 数 | 缺 省 操 作 |
|---|---|---|---|
| 1 | 5 | P0701 = 1 | 正常操作（ON） |
| 2 | 6 | P0702 = 12 | 反转 |
| 3 | 7 | P0703 = 9 | 故障确认 |
| 输出继电器 | 10/11 | P0731 = 52.3 | 故障识别 |
| 模拟输出 | 12/13 | P0771 = 21 | 输出频率 |
| 模拟输入 | 3/4 | P0700 = 0 | 频率设定值 |
| — | 1/2 | | 模拟输入电源 |

1）将 ON/OFF 开关连接到端子 5 和 8。

2）将反转开关连接到端子 6 和 8（可选的）。

3）将故障复位开关连接到端子 7 和 8（可选的）。

4）将模拟频率显示连接到端子 12 和 13（可选的）。

5）将输出继电器连接到端子 10 和 11（可选的）。

6）将一个速度控制用的 5.0Ω 电位计连接到端子 1 和 4（可选的）。

若按图 2-3 连接 MM420 型变频器的接线端子，并在变频器电动机接线端子（U、V、W）上接入电动机，此时变频器就准备就绪了，可以接通电源对电动机进行控制。例如，按下与端子 5 连接的按钮后电动机正转，按下与端子 6 连接的按钮后电动机反转，调整接在 1、4 两端的电位器，就可以调整电动机的转速。

**2. 用基本操作板 BOP 进行调试操作**

（1）用基本操作面板 BOP 改变变频器的各个参数　为了利用 BOP 设定参数，必须首先拆下 SDP，并装上 BOP。BOP 上的显示屏与按钮的介绍见表 2-3。

BOP 具有七段显示的五位数字，可以显示参数的序号和数值、报警和故障信息以及设定值和实际值。参数的信息不能用 BOP 存储。

在缺省设置时，用 BOP 控制电动机的功能是被禁止的。如果要用 BOP 进行控制，那么应将参数 P0700 设置为 1，并将参数 P1000 也设置为 1。

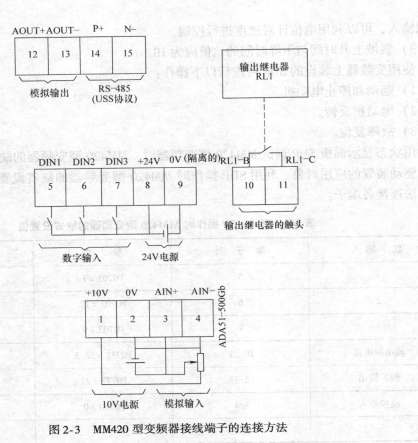

图 2-3　MM420 型变频器接线端子的连接方法

表 2-3　BOP 上的显示屏与按钮的介绍

| 序　号 | 显示/按钮 | 功　能 | 功能的说明 |
|---|---|---|---|
| 1 | **150.00** | 状态显示 | LCD 显示变频器当前的设定值 |
| 2 | (I) | 起动变频器 | 按此键起动变频器。缺省值运行时此键是被封锁的。为了使此键的操作有效，应设定 P0700 = 1 |
| 3 | (O) | 停止变频器 | OFF1：按此键，变频器将按选定的斜坡下降速率减速停机。缺省值运行时此键被封锁，为了允许此键操作，应设定 P0700 = 1<br><br>OFF2：按此键两次（或一次，但时间较长）电动机将在惯性作用下自由停机。此功能总是"使能"的 |
| 4 | (反转键) | 改变电动机的转动方向 | 按此键可以改变电动机的转动方向。电动机的反转用负号（−）或闪烁的小数点表示。缺省值运行时此键是被封锁的，为了使此键的操作有效，应设定 P0700 = 1 |
| 5 | (jog) | 电动机点动 | 在变频器无输出的情况下按此键，将使电动机起动，并按预设定的点动频率运行。释放此键时，电动机停机。如果变频器/电动机正在运行，按此键将不起作用 |

（续）

| 序　号 | 显示/按钮 | 功　能 | 功能的说明 |
|---|---|---|---|
| 6 |  Fn | 功能键 | 此键用于浏览辅助信息<br>当变频器运行时，在显示任何一个参数时按下此键并保持2s不动，将显示以下参数值（在频器运行中，从任何一个参数开始）：<br>1. 直流回路电压（用d表示，单位为V）<br>2. 输出电流（单位为A）<br>3. 输出频率（单位为Hz）<br>4. 输出电压（用o表示，单位为V）<br>5. 由P0005选定的数值（如果P0005选择显示上述参数中的任何一个，那么这里将不再显示）<br>连续多次按下此键，将轮流显示以上参数<br>跳转功能：在显示任何一个参数（rXXXX或PXXXX）时短时间按下此键，将立即跳转到r0000，如果需要的话，那么可以接着修改其他的参数。跳转到r0000后，按此键将返回原来的显示点 |
| 7 |  P | 访问参数 | 按此键即可访问参数 |
| 8 |  ▲ | 增加数值 | 按此键即可增加面板上显示的参数数值 |
| 9 |  ▼ | 减少数值 | 按此键即可减少面板上显示的参数数值 |

（2）用基本操作面板BOP更改参数的数值　改变参数P0004数值的步骤见表2-4，修改下标参数P0719数值的步骤见表2-5。按照图表中说明的类似方法，可以用BOP设定任何一个参数。

表2-4　改变参数P0004数值的步骤

| 操　作　步　骤 | 显　示　结　果 |
|---|---|
| 1. 按  P 键访问参数 |  P(1)　r0000　H2 |
| 2. 按  ▲ 键直到显示出P0004 |  P(1)　P0004　H2 |
|  3. 按 P 键进入参数数值访问级 | P(1)　0　H2 |

34

| 操 作 步 骤 | 显 示 结 果 |
|---|---|
| 4. 按 ▲ 键或 ▼ 键达到所需要的数值 | P(1) 3 H2 |
| 5. 按 P 键确认并存储参数的数值 | P(1) P0004 H2 |
| 6. 使用者只能看到命令参数 | — |

表 2-5  修改下标参数 P0719 数值的步骤

| 操 作 步 骤 | 显 示 结 果 |
|---|---|
| 1. 按 P 键访问参数 | r0000 |
| 2. 按 ▲ 键直到显示出 P0719 | P0719 |
| 3. 按 P 键进入参数数值访问级 | in000 |
| 4. 按 P 键显示当前的设定值 | 0 |
| 5. 按 ▲ 键或 ▼ 键选择运行所需要的最大频率 | 12 |
| 6. 按 P 键确认和存储 P0719 的设定值 | P0719 |
| 7. 按 ▲ 键直到显示出 r0000 | r0000 |
| 8. 按 P 键返回标准的变频器显示（由用户定义） | — |

忙碌信息：修改参数时，BOP 有时会显示 P----，这表明变频器此时正忙于处理优先级更高的任务。

（3）快速改变一个参数的数值　为了快速修改参数的数值，可以一个个地单独修改显示出的每个数字，操作步骤如下：

1）按  功能键，最右边的一个数字闪烁。

2）按  键或  键修改这位数字的数值。

3）再按  功能键，相邻的下一位数字闪烁。

4）重复前面的操作，直到显示出所要求的数值。

5）按  键，退出参数数值的访问级。

6）确信已处于某一参数数值的访问级。

**3. 用高级操作面板 AOP 进行调试操作**

高级操作面板 AOP 是可选件，具有基本操作面板的所有功能，同时包括以下功能：

1）扩展屏幕显示语言简便，可显示清晰的多种语言文本。

2）可通过 RS-232 接口进行通信，可通过 PC 编程。

3）具有连接多个站点的能力，最多可以连接 30 台变频器。

4）具有诊断菜单和故障查找帮助功能。

5）具有当前参数、故障等的说明。

6）可显示速度、频率、电动机转向和电流值等。

7）具有多组参数的上传和下载功能。

8）能够存储和下载多达 10 组参数。

**二、利用 BOP/AOP 面板进行快速调试操作**

在进行快速调试前，必须完成变频器的机械和电气安装。P0010 的参数过滤功能和 P0003 选择用户访问级别的功能在调试时是十分重要的。MM420 型变频器有三个用户访问级别，即标准级、扩展级和专家级。在进行快速调试时，访问级别较低的用户能够看到的参数较少。

必须完全按照以下参数进行设置，以确保高效和优化变频器的操作。请注意 P0010 必须设置为 "1"（快速调试），才能允许此步骤的执行。调试步骤如下：

（1）P0010 起动快速调试　可能的设定值如下：

0：准备就绪。

1：快速调试。

30：出厂设置。

请注意在操作电动机之前，P0010 必须已经设置回 "0"。但是如果在调试之后设置了 P3900 = 1，那么系统将自动进行这一设置。

（2）P0100 欧洲/北美操作　可能的设定值如下：

0：功率单位为 kW，频率默认为 50Hz。

1：功率单位为马力（hp），频率默认为 60Hz。

2：功率单位为 kW，频率默认为 60Hz。

注意：设置 0 和 1 时应当用 DIP 开关进行改变，以允许永久设置。

（3）P0304 电动机额定电压 10 ~ 2 000V 的设置　从额定标牌上查找电动机额定电压。

（4）P0305 电动机额定电流的设置　从额定标牌上查找 0 ~ 2x 电动机额定电流（A）。

（5）P0307 电动机额定功率 0 ~ 2 000kW 的设置　从额定标牌上查找电动机额定功率。如果 P0100 = 1，那么功率单位是马力（hp）。

（6）P0310 电动机额定频率 12～650Hz 的设置　从额定标牌上查找电动机额定频率。

（7）P0311 电动机额定转速 0～40 000r/min 的设置　从额定标牌上查找电动机额定转速。

（8）P0700 命令来源的选择　可能的设定值如下：

0：出厂设置。

1：基本操作面板。

2：接线端子。

（9）P1000 频率设定值的选择　设定值如下：

1：电动电位计设定。

2：模拟设定值。

3：固定频率设定值。

（10）P1080 电动机最小频率的设置　设置电动机运行的最小频率（0～650Hz）时，无论频率的设置值是多少，此处设置的值在电动机顺时针和逆时针转动时都有效。

（11）P1082 最大电动机频率的设置　设置电动机运行的最大频率（0～650Hz）时，无论频率的设置值是多少，此处设置的值在顺时针和逆时针转动时都有效。

（12）P1120 斜坡上升时间（0～650s）的设置　即设置电动机从静止加速到电动机最大频率时所需要的时间。

（13）P1121 斜坡下降时间（0～650s）的设置　即设置电动机从电动机最大频率减速到静止时所需要的时间。

（14）P3900 结束快速调试　可能的设定值如下：

0：不用快速调试。

1：结束快速调试（推荐），并按工厂设置值快速复位。

2：结束快速调试。

3：结束快速调试，只进行电动机数据的计算。

（15）利用 P0010 和 P0970 进位复位操作　复位变频器时，P0010 必须设置成“30”（出厂设置），然后才可能将 P0970 设置为“1”。大约经过 3min，变频器将把所有参数自动复位成进行缺省设置。如果在参数设置时遇到问题并希望重新开始，那么该操作将很有用。

MM420 型变频器的参数表见附录。

**三、常规操作**

变频器没有主电源开关，因此，当电源接通时变频器就已带电。在按下运行〈RUN〉键或者在数字输入端 5 出现“ON”信号（正向旋转）之前，变频器的输出一直被封锁，处于等待状态。

如果装有 BOP 或 AOP 并且已选定要显示的输出频率（P0005＝21），那么在变频器减速停机时，相应的设定值大约 1s 显示一次。

变频器出厂时已按相同额定功率的西门子四极标准电动机的常规应用对象进行编程。如果用户采用的是其他型号的电动机，那么就必须输入电动机铭牌上的规格数据。除非 P0010＝1，否则是不能修改电动机参数的。为了使电动机开始运行，必须将 P0010 返回“0”值。

操作的前提条件为：P0010＝0（为了正确地进行运行命令的初始化），P0700＝1（使能 BOP 操作板上的起动/停止按钮），P1000＝1（电位计的设定值）。

操作的具体步骤为：按下绿色键 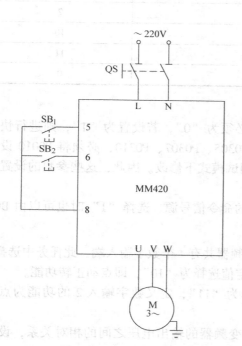，起动电动机；按下 ▲ 键，电动机转动，其频率逐渐增加到 50Hz；当变频器的输出频率达到 50Hz 时，按下 ▼ 键，电动机的速度及其显示值逐渐下降；用 ○ 键改变电动机的转动方向；按下红色键 ⓪，电动机停机。

# 第二节 变频器点动与正转控制电路

变频器在实际应用中经常用到各类机械的定位点动控制和正转运行控制。变频器的定位点动控制和正转运行，是变频器基本应用之一。

## 一、MM 420 型变频器点动控制

### 1. 控制要求

一台三相异步电动机的功率为 1.1kW，额定电流为 2.52A，额定电压为 380V。现需用基本控制面板和外部端子进行点动控制，通过参数设置来改变变频器的点动、正转输出频率和加、减速时间，从而进行调速和定位控制。

### 2. 主电路的连接

1）输入端子 L、N 接单相电源。

2）输出端子 U、V、W 接电动机。

### 3. 控制电路的连接

变频器点动控制电路的连接如图 2-4 所示。变频器点动控制电路的布置如图 2-5 所示。

图 2-4　变频器点动控制电路的连接

图 2-5　变频器点动控制电路的布置

**4. 相关功能参数的设定**

（1）参数的设定　按表2-6设定相关参数。

表2-6　点动控制参数的设定

| 参数代码 | 功　　能 | 设定数据 |
|---|---|---|
| P0010 | 工厂设置 | 30 |
| P0970 | 参数复位 | 1 |
| P0010 | 快速调试 | 1 |
| P0100 | 功率单位为kW | 0 |
| P0304 | 电动机额定电压 | 230V |
| P0305 | 电动机额定电流 | 1A |
| P0307 | 电动机额定功率 | 1.1kW |
| P0310 | 电动机额定频率 | 50Hz |
| P3900 | 结束快速调试 | 1 |
| P0003 | 扩展访问级 | 2 |
| P1000 | 频率设定选择BOP | 1 |
| P1058 | 正向点动频率 | 50Hz |
| P1059 | 反向点动频率 | 40Hz |
| P1060 | 点动斜坡上升时间 | 10s |
| P1061 | 点动斜坡下降时间 | 10s |
| P0700 | 选择命令源 | 2 |
| P0701 | 正向点动 | 10 |
| P0702 | 反向点动 | 11 |
| P1300 | 控制方式 | 0 |

（2）参数含义详解及设定操作

1）P0010：快速调试。变频器运行前此参数必须为"0"，若设置为"1"，则进行快速调试，主要是改变电动机参数。要设置P0304、P0305、P0307、P0310，必须将P0010设为"1"，因为这些与电动机相关的参数只能在快速调试模式下修改。因此，这些参数的设置也因使用的电动机的不同而不同。

2）P0070：选择命令源。此参数为选择数字的命令信号源，选择"1"时也可以由BOP上的 🔵(jog) 键完成点动控制。

3）P0701：数字输入1的功能。MM420型变频器共有4个数字输入端，此任务中选择5号端子来完成点动正转控制要求，所以需要将设定值选择为"10"，即点动正转功能。

4）P0702：数字输入2的功能。设定值选择为"11"，定义数字输入2的功能为点动反转。

5）P1300：控制方式。控制电动机的速度与变频器的输出电压之间的相对关系，设定值为"0"时对应的控制方式为线性特性的$V/f$控制。

**5. 操作步骤**

（1）基本控制面板控制点动运行模式

1）将电源与变频器及电动机连接好。

2）经检查无误后，方可通电。

3）按下操作面板上的 🅿 键，进入参数设置画面，先访问参数 P1000，将设定值选为"1"，再访问参数 P0700，将设定值选择为"1"；按 🅿 键确认，访问参数 P1058，设置点动频率为 50Hz；再将点动上升/下降时间设定为 10s。

4）参数设置完毕，将 🅵🅽 键切换为运行监视模式。

5）按下控制面板上的 🅹🅾🅶 键，电动机将按照正向点动设定频率 50Hz 逐渐加速运行，实现点动运行状态。松开 🅹🅾🅶 键，电动机将逐渐减速，直至停止。

（2）外部端子信号控制功能点动运行模式

1）首先将变频器停电，并打开变频器上盖板，按图 2-4 接好外部按钮、开关的连线。

2）合上盖板并接通电源。

3）按下操作面板上的 🅿 键，进入参数设置菜单画面，观察监视器并按表 2-6 所给参数进行设置。

4）参数设定完毕即可进行外端子控制运行的点动操作模式。

5）按下 $SB_1$（接通 5 与 8），即可进行点动正转运行。

6）松开 $SB_1$（断开 5 与 8），电动机将逐渐减速，直至停止。

7）按下 $SB_2$（接通 6 与 8），即可进行点动反转运行。

8）松开 $SB_2$（断开 6 与 8），电动机将逐渐减速，直至停止。

9）LED 监视器所显示值应为点动 50Hz，加减速时间由 P1060 和 P1061 的设定值决定。

10）要改变点动频率运行时，只需将参数 P1058 改为其他参数即可，其他操作方法同上。

（3）注意事项

1）接线完毕后一定要重复认真检查，以防因接线错误而烧坏变频器，特别是主电源电路。

2）在接线时变频器内部端子用力不得过猛，以防损坏。

3）在送电和停电过程中要注意安全，特别是在停电过程中，必须在控制面板上的 LED 显示全部熄灭的情况下方可打开盖板。

4）在对变频器进行参数设定操作时，应认真观察 LED 显示的内容，以免发生错误，争取一次试验成功。

5）在进行外端子点动运行操作时的注意事项

① 必须在变频器停止时使用点动运行。

② 在运行过程中要认真观测电动机和变频器的工作状态。

**二、MM420 型变频器正转控制电路的连接**

**1. 控制要求**

一台三相异步电动机的功率为 1.1kW，额定电流为 2.52A，额定电压为 380V。现需用基本控制面板和外部端子进行正转连续控制，通过参数设置来进行变频器的正转连续运行操作，要求输出频率为 50Hz，加、减速时间为 10s。

### 2. 主电路的连接

1）输入端子 L、N 接单相电源。

2）输出端子 U、V、W 接电动机。

### 3. 控制电路的连接

变频器正转控制电路的连接如图 2-6 所示。变频器正转控制电路的布置如图 2-7 所示。

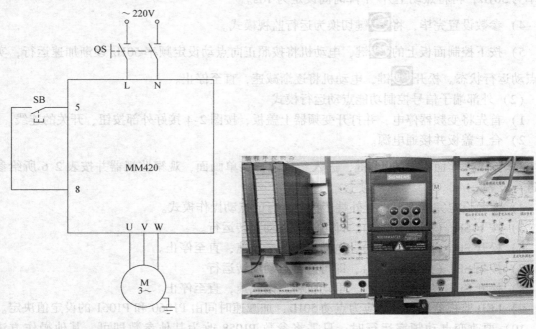

图 2-6  变频器正转控制电路的连接　　　　图 2-7  变频器正转控制电路的布置

### 4. 相关功能参数的含义及设定操作技能

（1）参数设定　按表 2-7 设定相关参数。

表 2-7  正转控制参数的设定

| 参数代码 | 功　　能 | 设定数据 |
| --- | --- | --- |
| P0010 | 工厂设置 | 30 |
| P0970 | 参数复位 | 1 |
| P0010 | 快速调试 | 1 |
| P0100 | 功率的单位为 kW | 0 |
| P0304 | 电动机额定电压 | 230V |
| P0305 | 电动机额定电流 | 1A |
| P0307 | 电动机额定功率 | 1.1kW |
| P0310 | 电动机额定频率 | 50Hz |
| P3900 | 结束快速调试 | 1 |
| P0003 | 扩展访问级 | 2 |
| P1000 | 频率设定选择 BOP | 1 |

（续）

| 参 数 代 码 | 功　　　能 | 设 定 数 据 |
|---|---|---|
| P1040 | 输出频率 | 50Hz |
| P1120 | 斜坡上升时间 | 10s |
| P1121 | 斜坡下降时间 | 10s |
| P0700 | 选择命令源 | 2 |
| P0701 | 正转/停机命令 | 1 |
| P1300 | 控制方式 | 0 |

（2）参数含义及设定操作

1）P1040：BOP 的设定值。由 BOP 设定变频器的输出频率，设定范围为 -650～650Hz，缺省值为 5Hz。

2）P1120/P1121：斜坡上升/下降时间，如图 2-8 所示。此参数是指电动机从静止状态加速到最高频率或从最高频率减速到静止停机状态所用的时间，设定范围为 0～650s。需要注意的是，若设定的斜坡上升/下降时间太短，则有可能导致变频器跳闸。

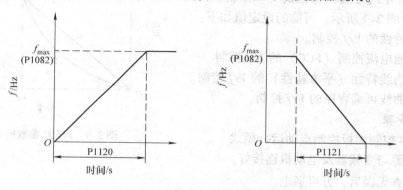

图 2-8　P1120、P1121 参数的含义

3）P0701：数字输入 1 的功能。MM420 型变频器共有 4 个数字输入端，此任务中选择 5 号端子来完成正转连续控制，所以根据控制要求，需要将设定值选择为"1"，即设定数字输入端 1 的功能为接通正转/停机命令。可能的设定值如下：

0：禁止数字输入。

1：ON/OFF1（接通正转/停机命令 1）。

2：ON reverse/OFF1（接通反转/停机命令 1）。

3：OFF2（停机命令 2）按惯性自由停机。

4：OFF3（停机命令 3）按斜坡函数曲线快速降速停机。

9：故障确认。

10：正向点动。

11：反向点动。

12：反转。

13：MOP（电动电位计）升速（增加频率）。

14：MOP 降速（减少频率）。

15：固定频率设定值（直接选择）。

16：固定频率设定值（直接选择 + ON 命令）。

17：固定频率设定值 ［二进制编码的十进制数（BCD 码）选择 + ON 命令］。

21：机旁/远程控制。

25：直流注入制动。

29：由外部信号触发跳闸。

33：禁止附加频率设定值。

99：使能 BICO 参数化。

4）P0003：用户访问级。本参数用于定义用户访问参数组的等级。对于大多数简单的应用对象而言，采用缺省设定值就可以满足了。但本任务中需将设定值设为"2"，以便访问变频器的 I/O 功能。

5）P1300：控制方式。控制电动机的速度与变频器的输出电压之间的相对关系，设定值为"0"时对应的控制方式为线性特性的 $V/f$ 控制。P1300 参数的含义如图 2-9 所示。可能的设定值如下：

0：线性特性的 $V/f$ 控制。

1：带磁通电流控制（FCC）的 $V/f$ 控制。

2：带抛物线特性（平方特性）的 $V/f$ 控制。

3：特性曲线可编程序的 $V/f$ 控制。

**5. 操作步骤**

（1）基本控制面板控制点动运行模式

1）将电源与变频器及电动机连接好。

2）经检查无误后，方可通电。

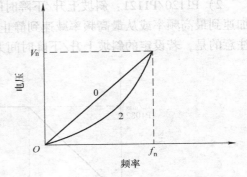

图 2-9　P1300 参数的含义

3）按下操作面板上的 <kbd>P</kbd> 键，进入参数设置画面，先访问参数 P0010，将设定值选为"0"，再访问参数 P1000，将设定值选为"1"，然后访问参数 P0700，将设定值选择为"1"；按 <kbd>P</kbd> 键确认，再访问参数 P1040，设置输出频率为 50Hz；将斜坡上升/下降时间 P1120、P1121 设定为 10s。

4）参数设置完毕，将 <kbd>Fn</kbd> 键切换为运行监视模式。

5）按下控制面板上的 <kbd>I</kbd> 键，电动机将按照设定频率 50Hz 逐渐加速运行，实现正转连续运行状态。

6）按下控制面板上的 <kbd>O</kbd> 键，电动机将按照设定的斜坡减速时间逐渐减速，直至停机。

7）若需改变当前频率，则可以在不停机的状态下完成，方法是首先按 <kbd>Fn</kbd> 键，显示 <kbd>r0000</kbd>，然后按 <kbd>P</kbd> 键，再按 <kbd>▲</kbd>/<kbd>▼</kbd> 键，调至所需频率大小即可。

（2）外部端子信号控制正转运行模式

1）首先将变频器停电，并打开变频器上盖板，按图 2-6 接好外部按钮、开关的连线。

2）合上盖板并接通电源。

3）按下操作面板上的 **P** 键，进入参数设置菜单画面，观察监视器并按表 2-7 所给参数进行设置。

4）参数设定完毕即可进行外端子控制运行的正转连续运行操作模式。

5）按下 SB（接通 5 与 8），即可进行正转连续运行。

6）松开 SB（断开 5 与 8），电动机将逐渐减速，直至停止。

7）LED 监视器所显示值应为运行频率 50Hz，加减速时间由 P1120 和 P1121 的设定值决定。

8）要改变输出频率运行的操作步骤和方法时，只需将参数 P1040 改为其他参数即可，其他操作方法同上。

（3）注意事项

1）接线完毕后一定要重复认真检查，以防因接线错误而烧坏变频器，特别是主电源电路。

2）在接线时，拧变频器内部端子的力不得过大，以防损坏端子。

3）在送电和停电过程中要注意安全，特别是在停电过程中必须在控制面板上的 LED 显示全部熄灭的情况下方可打开盖板。

4）在对变频器进行参数设定操作时，应认真观察 LED 显示的内容，以免发生错误，争取一次试验成功。

# 第三节　变频器正、反转控制电路

变频器在实际使用中经常被用作控制各类机械的正、反转。例如：前进、后退，上升、下降，进刀、回刀等，都需要电动机的正、反转运行，所以无论 BOP 模式操作（即面板操作），还是外部端子信号操作，变频器的正、反转运行都是学习变频器使用的基本所在。

**一、控制要求**

一台三相异步电动机的功率为 1.1kW，额定电流为 2.52A，额定电压为 380V。现需用基本控制面板和外部端子进行正、反转连续控制，通过参数设置来进行变频器的正、反转运行操作。要求输出频率为 50Hz，加、减速时间为 10s。

**二、MM420 型变频器正、反转控制电路的连接**

**1. 控制电路的连接（参见图 2-4）**

1）输入端子 L、N 接单相电源。

2）输出端子 U、V、W 接电动机。

**2. 相关功能参数的设定**

（1）参数的设定　按表 2-8 设定相关参数。

表 2-8　正、反转控制参数的设定

| 参数代码 | 功　　能 | 设定数据 |
|---|---|---|
| P0010 | 工厂设置 | 30 |
| P0970 | 参数复位 | 1 |
| P0010 | 快速调试 | 1 |

（续）

| 参数代码 | 功　能 | 设定数据 |
|---|---|---|
| P0100 | 功率的单位为 kW | 0 |
| P0304 | 电动机额定电压 | 220V |
| P0305 | 电动机额定电流 | 1A |
| P0307 | 电动机额定功率 | 1.1kW |
| P0310 | 电动机额定频率 | 50Hz |
| P3900 | 结束快速调试 | 1 |
| P0003 | 扩展访问级 | 2 |
| P1000 | 频率设定选择 BOP | 1 |
| P1040 | 输出频率 | 50Hz |
| P1120 | 斜坡上升时间 | 10s |
| P1121 | 斜坡下降时间 | 10s |
| P0700 | 选择命令源 | 2 |
| P0701 | 正转/停机命令 | 1 |
| P0702 | 反转命令 | 12 |
| P1300 | 控制方式 | 0 |

（2）参数含义及设定操作

1）P0010：调试参数过滤器。对与调试相关的参数进行过滤，只筛选出与特定功能组有关的参数。可能的设定值如下：

0：准备。

1：快速调试。

2：变频器。

29：下载。

30：工厂的缺省设定值。

P0010 的缺省值为"0"，在变频器投入运行之前应将本参数复位为"0"。

在 P0010 设定为"1"时，变频器的调试可以非常快速和方便地完成。这时，只有一些重要的参数（如 P0304，P0305 等）是可以看得见的。这些参数的数值必须一个一个地输入变频器。当 P3900 设定为"1"~"3"时，快速调试结束后立即开始变频器参数的内部计算，然后自动把参数 P0010 复位为"0"。P0010 = 2，只用于维修。

为了利用 PC 工具（如 DriveMonitor，STARTER）传送参数文件，首先应借助于 PC 工具将参数 P0010 设定为"29"，并在参数文件下载完成以后，利用 PC 工具将参数 P0010 复位为"0"。

在复位变频器的参数时，必须将参数 P0010 设定为"30"。从设定 P0970 = 1 起，便开始参数的复位，变频器将自动地把它的所有参数都复位为它们各自的缺省设置值。如果在参数调试过程中遇到问题，并且希望重新开始调试，那么这种复位操作方法是非常有用的。复位为工厂缺省设置值的时间大约要 60s。

2）P0970：工厂复位。此参数是指 P0970 = 1 时所有的参数都复位到它们的缺省值。可能的设定值如下：

　　0：禁止复位。

　　1：参数复位。

　　需要注意的是，在工厂复位前，首先要设定 P0010 = 30（工厂设定值）。在把参数复位为缺省值之前，必须先使变频器停机（即封锁全部脉冲）。

　　3）P0702：数字输入 2 的功能。MM420 型变频器共有 4 个数字输入端，此任务中选择 6 号端子来完成反转控制，所以根据控制要求，需要将设定值选择为"12"，即设定数字输入端 2 的功能为接通反转命令。可能的设定值如下：

　　0：禁止数字输入。

　　1：ON/OFF1（接通正转/停机命令 1）。

　　2：ON reverse /OFF1（接通反转/停机命令 1）。

　　3：OFF2（停车命令 2），按惯性自由停机。

　　4：OFF3（停车命令 3），按斜坡函数曲线快速降速停机。

　　9：故障确认。

　　10：正向点动。

　　11：反向点动。

　　12：反转。

　　13：MOP：（电动电位计）升速（增加频率）。

　　14：MOP：降速（减少频率）。

　　15：固定频率设定值（直接选择）。

　　16：固定频率设定值（直接选择 + ON 命令）。

　　17：固定频率设定值［二进制编码的十进制数（BCD 码）选择 + ON 命令］。

　　21：机旁/远程控制。

　　25：直流注入制动。

　　29：由外部信号触发跳闸。

　　33：禁止附加频率设定值。

　　99：使能 BICO 参数化。

　　4）P3900：快速调试结束。完成优化电动机运行所需的计算。在完成计算以后，P3900 和 P0010（调试参数组）自动复位为它们的初始值"0"。可能的设定值如下：

　　0：不用快速调试。

　　1：结束快速调试，并按工厂设置使参数复位。

　　2：结束快速调试。

　　3：结束快速调试，只进行电动机数据的计算。

　　该参数的设定值选择为"1"时，只有通过调试菜单中的"快速调试"完成计算的参数设定值才被保留，所有其他参数，包括 I/O 设定值都将丢失。

　　该参数的设定值选择为"2"时，只计算与调试菜单中"快速调试"（P0010 = 1）有关的一些参数。I/O 设定值复位为它的缺省值，并进行电动机参数的计算。

　　该参数的设定值选择为"3"时，只完成电动机和控制器参数的计算。采用这一设定值，退出快速调试时会节省时间。

**3. 操作步骤**

（1）基本控制面板控制正、反转运行模式

1）将电源与变频器及电动机连接好。

2）经检查无误后，方可通电。

3）按下操作面板上的 🅟 键，进入参数设置画面，先访问 P0010，将设定值选为"0"，再访问参数 P1000，将设定值选为"1"，然后访问参数 P0700，将设定值选择为"1"；按 🅟 键确认，再访问参数 P1040，设置输出频率为 50Hz，将斜坡上升/下降时间 P1120、P1121 设定为 10s。

4）参数设置完毕，将 🅕🅝 键切换为运行监视模式。

5）按下控制面板上的 🅘 键，电动机将按照设定频率 50Hz 逐渐加速运行，实现正转运行状态。

6）按下控制面板上的 ⟲ 键，电动机将反向运行。

7）按下控制面板上的 ⓞ 键，电动机将按照设定的斜坡减速时间逐渐减速，直至停机。

8）若需改变当前频率，则可以在不停机的状态下完成，方法是首先按 🅕🅝 键，显示 r0000，然后按 🅟 键，再按 🔼/🔽 键，调至所需频率大小即可。

（2）外部端子信号控制正、反转运行模式

1）首先将变频器停电，并打开变频器上盖板，按图 2-4 所示接好外部按钮、开关的连线。

2）合上盖板并接通电源。

3）按下操作面板上的 🅟 键，进入参数设置菜单画面，观察监视器并按表 2-8 所给参数进行设置。

4）参数设定完毕即可进行外端子控制运行的正、反转操作模式。

5）按下 SB₁（接通 5 与 8），即可进行正转连续运行。

6）按下 SB₂（接通 6 与 8），电动机将反转运行。

7）运行中还可按 🅕🅝 键，监视电流和电压以对照变频器和电动机的运行性能指标。

8）松开 SB₁（断开 5 与 8），电动机将逐渐减速，直至停止。

9）观察 LED 监视器所显示值，应为运行频率 50Hz，加、减速时间由 P1120 和 P1121 的设定值决定。

10）要改变输出频率运行的操作步骤和方法时，只需将参数 P1040 改为其他参数即可，其他操作方法同上。

（3）注意事项

1）接线完毕后一定要重复认真检查，以防因接线错误而烧坏变频器，特别是主电源电路。

2）在接线时，拧紧变频器内部端子的力不得过大，以防损坏端子。

3）在送电和停电过程中要注意安全，特别是在停电过程中必须在控制面板上的 LED 显示全部熄灭的情况下方可打开盖板。

4）在对变频器进行参数设定操作时，应认真观察 LED 显示的内容，以免发生错误，争取一次试验成功。

5）由于变频器可直接切换电动机正、反转，所以必须注意使用时的安全。在变频器将电动机由正转切换为反转状态时，其加减速时间可根据电动机的功率和工作环境条件设定。

# 第四节　变频器两地控制电路

在工业生产中，生产现场与操作室之间经常要用到两地控制模式，所以掌握变频器的两地控制的接线运行是十分必要的。

**一、控制要求**

一台三相异步电动机功率为 1.1kW，额定电流为 2.52A，额定电压为 380V。要求通过变频器参数设置和外端子接线来控制变频器的运行输出频率，以达到电动机的两地运行控制的目的。在运行操作中运行频率分别设定为：第一次，20Hz；第二次，30Hz；第三次，40Hz。

**二、MM420 型变频器两地控制电路的连接**

**1. 主电路的连接**

1）输入端子 L、N 接单相电源。

2）输出端子 U、V、W 接电动机。

**2. 控制电路的连接**

变频器两地控制电路的连接如图 2-10 所示。

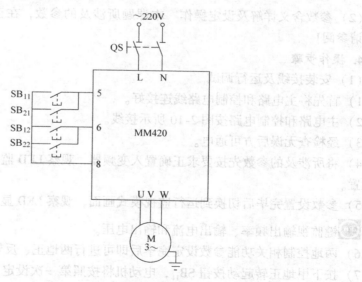

图 2-10　变频器两地控制电路的连接

**3. 相关功能参数的设定**

（1）参数的设定　按表 2-9 设定相关参数。

48

表 2-9 变频器两地控制参数的设定

| 参数代码 | 功 能 | 设定数据 |
|---|---|---|
| P0010 | 工厂设置 | 30 |
| P0970 | 参数复位 | 1 |
| P0010 | 快速调试 | 1 |
| P0100 | 功率的单位为 kW | 0 |
| P0304 | 电动机额定电压 | 220V |
| P0305 | 电动机额定电流 | 1A |
| P0307 | 电动机额定功率 | 1.1kW |
| P0310 | 电动机额定频率 | 20Hz |
| P3900 | 结束快速调试 | 1 |
| P0003 | 扩展访问级 | 2 |
| P1000 | 频率设定选择 BOP | 1 |
| P1040 | 输出频率 | 50Hz |
| P1120 | 斜坡上升时间 | 10s |
| P1121 | 斜坡下降时间 | 10s |
| P0700 | 选择命令源 | 2 |
| P0701 | 正转/停机命令 | 1 |
| P0702 | 反转命令 | 12 |
| P1300 | 控制方式 | 0 |

（2）参数含义详解及设定操作　本课题所涉及的参数，在正、反转课题中已有详细说明，请参阅！

**4. 操作步骤**

（1）安装接线及运行调试

1）首先将主电路和控制电路线连接好。

2）主电路和控制电路按图 2-10 所示接线。

3）经检查无误后方可通电。

4）将所涉及的参数先按要求正确置入变频器，观察 LED 监视器并按表 2-9 所给参数进行设置。

5）参数设置完毕后切换到运行监视模式画面，观察 LED 显示的内容，可根据相应要求按下 Fn 键监视输出频率、输出电流和输出电压。

6）两地控制相关功能参数设定完毕后即可进行两地正、反转控制运行操作。

7）按下甲地正转起动按钮 $SB_{11}$，电动机将按照第一次设定频率所设定的值工作在正转 20Hz 连续运行状态。

8）按下甲地反转按钮 $SB_{12}$，电动机将反转运行。

9）当甲地反转起动按钮 $SB_{12}$ 断开时，电动机将切换到正转运行。

10）当甲地正转起动按钮 $SB_{11}$ 断开时，电动机将停止运行。

11）按下乙地正转起动按钮 SB$_{21}$，电动机将正转连续运行。

12）按下乙地反转起动按钮 SB$_{22}$，电动机将按照第一次设定频率所设定的值工作在反转 20Hz 连续运行状态。停止时松开乙地起动按钮 SB$_{21}$，电动机将停止反转。

13）观察变频器的运行情况以及 LED 监视器所显示的结果是否正确。

14）对于两地控制 30Hz 和 40Hz 正、反转运行，只需改变 P1040 的设定值即可改变运行频率，其他操作方法同上。

15）对于三地或多地控制，只要把各地的起动按钮并联，并将停止按钮并联在变频器的外接端子信号控制端就可实现。

（2）注意事项

1）接线完毕后一定要重复认真检查，以防因接线错误而烧坏变频器，特别是主电源电路。

2）在接线时，拧紧变频器内部端子的力不得过大，以防损坏端子。

3）在送电和停电过程中要注意安全，特别是在停电过程中必须在控制面板上的 LED 显示全部熄灭的情况下方可打开盖板。

4）在对变频器进行参数设定操作时，应认真观察 LED 显示内容，以免发生错误，争取一次试验成功。

5）由于变频器可直接切换电动机正、反转，所以必须注意使用时的安全。在变频器将电动机由正转切换为反转状态时，其加、减速时间可根据电动机的功率和工作环境条件设定。

# 第五节　变频器 PID 控制电路

## 一、PID 控制原理

PID 控制就是比例（P）、积分（I）、微分（D）控制。PID 控制是闭环控制，是将传感器测得的反馈信号（实际信号）与被控量的给定目标信号进行比较，以判断系统是否已经达到预定的控制目标。如果系统尚未达到预定目标值，那么需根据两者之间的差值进行调节，直到达到预定目标值为止，即根据系统的误差，利用比例、积分、微分的方法计算出控制量，从而达到控制的目的。PID 控制特别适用于过程动态性能良好而且对控制性能要求不太高的情况。PID 控制在实际中也有 PI 控制和 PD 控制。PID 控制框图如图 2-11 所示。

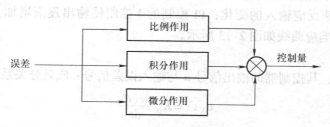

图 2-11　PID 控制框图

### 1. 比例控制

比例控制也称为比例增益环节控制，是一种最简单的控制方式。其控制器的输出信号 $u$ 与输入误差信号 $e$ 成比例关系，即

$$u(t) = K_P e(t)$$

式中　$K_P$——放大倍数，也称为比例增益。

当仅有比例控制时，系统输出存在稳态误差。增大比例增益 $K_P$ 的值，系统的响应速度将变快，但同时会使系统振荡加剧，稳定性变差。比例系数的确定是在响应的快速性与平稳性之间进行折中。比例控制的动态响应曲线如图 2-12 所示。

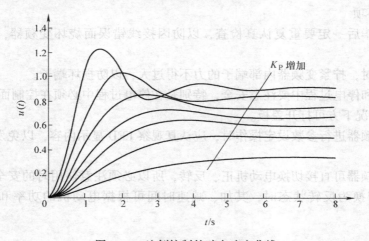

图 2-12　比例控制的动态响应曲线

### 2. 积分控制

在积分控制中，其控制器的输出信号 $u$ 与输入误差信号 $e$ 成积分关系，即

$$u(t) = K_I \int_0^t e(t)\,\mathrm{d}(t)$$

积分项是误差与时间的积分，随着时间的增加，积分项会增大。这样，即使误差很小，积分项也会随着时间的增加而增大，只要偏差不为零，偏差就不断累积，从而使控制量不断增大或减小，直到偏差为零为止。因此，积分控制是一种无差控制。

积分控制作用比较缓慢，因此，积分作用一般和比例作用配合组成 PI 调节器，而不单独使用。比例＋积分（PI）控制器可以使系统在进入稳态后无稳态误差。PI 控制的 P 控制在偏差出现时，迅速反应输入的变化；PI 控制的 I 控制使输出逐渐增加，最终消除稳态误差。PI 控制的动态响应曲线如图 2-13 所示。

### 3. 微分控制

在微分控制中，其控制器的输出信号 $u$ 与输入误差信号 $e$ 成微分关系，即

$$u(t) = K_D \frac{\mathrm{d}e(t)}{\mathrm{d}t}$$

自动控制系统在克服误差的调节过程中可能会出现振荡甚至失稳等现象。微分环节可以根据偏差的变化趋势，提前给出较大的调节动作，使抑制误差的控制作用等于零，甚至为负值，从而避免被控制量的严重超调。微分控制只在系统的动态过程中起作用，在系统达到稳

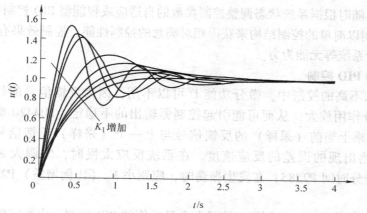

图 2-13 PI 控制的动态响应曲线

态后微分作用对控制量没有影响，所以微分控制不能单独使用，一般是和比例、积分作用一起构成 PD 或 PID 调节器。PD 控制的动态响应曲线如图 2-14 所示。

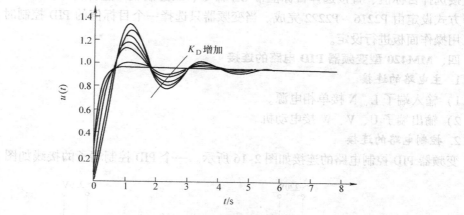

图 2-14 PD 控制动态响应曲线

比例 + 积分 + 微分（PID）控制器能改善系统在调节过程中的动态特性。P、PI、PD、PID 控制的动态响应曲线对比如图 2-15 所示。

**二、PID 控制的特点**

1）PID 控制简单实用，工作原理简单，物理意义清楚，一线的工程师很容易理解和接受。

2）PID 控制的设计和调节参数少，且调整方针明确。

3）PID 控制是一种通用的控制方式，广泛应用于各种场合，且在不断改进和完

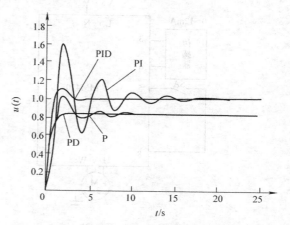

图 2-15 P、PI、PD、PID 控制的动态响应曲线对比

善，如偏差小到一定程度才投入积分作用的积分分离控制、能自动计算控制参数的参数自整

定 PID 控制、能随时根据系统状态调整控制参数的自适应或智能型 PID 控制等。

4) PID 控制以简单的控制结构来获得相对满意的控制性能，控制效果有限，且对时变、大时滞、多变量系统等无能为力。

### 三、变频器 PID 控制

在系统要求不高的控制中，微分功能 D 可以不用，因为反馈信号的每一点变化都会被控制器的微分作用放大，从而可能引起控制器输出的不稳定。MM420 型变频器的微分项 D（P2274）乘上当前（采样）的反馈信号与上一个（采样）反馈信号之差，可以提高控制器对突然出现的误差的反应速度。在系统反应太慢时，应调大 $K_p$（比例增益）P2280 或减小积分时间 P2285；在发生振荡时，应调小 $K_p$（比例增益）P2280 或调大积分时间 P2285。

MM420 型变频器的 PID 控制可以选择七个目标值的 PID 控制，由数字输入端子 DIN1 ~ DIN3 通过 P0701 ~ P0703 设置实现多个目标值的选择控制。每个目标值的 PID 参数值分别由 P2201 ~ P2207 进行设置。端子选择目标值的方式和 7 段速度控制的目标选择方式相同，分为直接选择目标值、直接选择目标值带 ON 命令、二进制编码选择目标值带 ON 命令。目标选择方式设定由 P2216 ~ P2222 完成。当变频器只选择一个目标值的 PID 控制时，目标值也可以用操作面板进行设定。

### 四、MM420 型变频器 PID 电路的连接

**1. 主电路的连接**

1) 输入端子 L、N 接单相电源。

2) 输出端子 U、V、W 接电动机。

**2. 控制电路的连接**

变频器 PID 控制电路的连接如图 2-16 所示。一个 PID 控制端子的接线如图 2-17 所示。

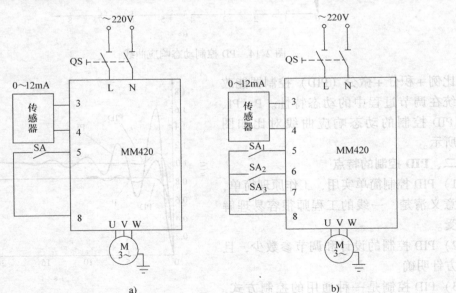

图 2-16　变频器 PID 控制电路的连接

a）一个 PID 值控制端子的接线　b）多个 PID 值控制端子的接线

一个 PID 控制端子的布置如图 2-18 所示。多个 PID 控制端子的接线如图 2-19 所示。多个 PID 控制端子的布置如图 2-20 所示。

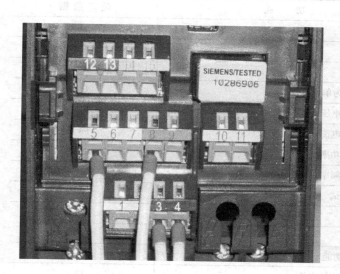

图 2-17　一个 PID 控制端子的接线

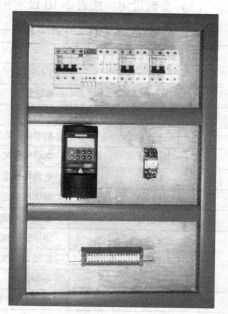

图 2-18　一个 PID 控制端子的布置

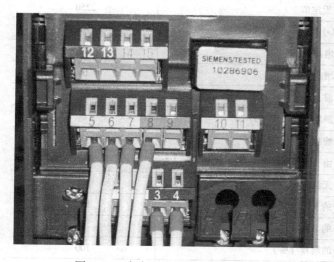

图 2-19　多个 PID 控制端子的接线

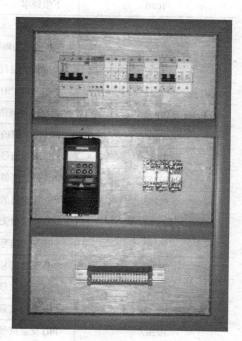

图 2-20　多个 PID 控制端子的布置

### 五、MM420 型变频器 PID 相关功能参数的设定操作

#### 1. 一个 PID 目标值控制参数的设定

（1）参数设定　按表 2-10 设定相关参数。

一个 PID 控制闭路的显示如图 2-18 ...

PID 控制闭路子后的配置如图 2-20 所示。

**表 2-10　一个 PID 目标值控制参数的设定**

| 参 数 代 码 | 功　　能 | 设 定 数 据 |
|---|---|---|
| P0010 | 工厂设置 | 30 |
| P0970 | 参数复位 | 1 |
| P0010 | 快速调试 | 1 |
| P0100 | 功率以 kW 为单位 | 0 |
| P0304 | 电动机额定电压 | 230V |
| P0305 | 电动机额定电流 | 1A |
| P0307 | 电动机额定功率 | 1.1kW |
| P0310 | 电动机额定频率 | 50Hz |
| P3900 | 结束快速调试 | 1 |
| P0003 | 扩展访问级 | 2 |
| P0700 | 命令选择 | 2 |
| P0701 | 端子 DIN1 功能 | 1 |
| P0725 | 端子输入高电平有效 | 1 |
| P1000 | 频率由 BOP 设定 | 1 |
| P1080 | 下限频率 | 20Hz |
| P1082 | 上限频率 | 50Hz |
| P2200 | PID 控制功能有效 | 1 |
| P2240 | 由面板设定目标参数（%） | 60 |
| P2253 | 已激活的 PID 设定值 | 2250 |
| P2254 | 无 PID 微调信号源 | 70 |
| P2255 | PID 设定值的增益系数 | 100 |
| P2256 | PID 微调信号增益系数 | 0 |
| P2257 | PID 设定值斜坡上升时间（s） | 1 |
| P2258 | PID 设定值的斜坡下降时间（s） | 1 |
| P2261 | PID 设定值无滤波 | 0 |
| P2264 | PID 反馈信号由 AIN + 设定 | 755.0 |
| P2265 | PID 反馈信号无滤波 | 0 |
| P2267 | PID 反馈信号的上限值（%） | 100 |
| P2268 | PID 反馈信号的下限值（%） | 0 |
| P2269 | PID 反馈信号的增益（%） | 100 |
| P2270 | 不用 PID 反馈器的数学模型 | 0 |
| P2271 | PID 传感器的反馈形式为正常 | 0 |

（续）

| 参数代码 | 功　　能 | 设定数据 |
|---|---|---|
| P2280 | PID 比例增益系数 | 15 |
| P2285 | PID 积分时间 | 10 |
| P2291 | PID 输出上限（%） | 100 |
| P2292 | PID 输出下限（%） | 0 |
| P2293 | PID 限幅的斜坡上升/下降时间（s） | 1 |

（2）参数含义及设定操作

1）电动机参数的设定。将 P0010 设定为"30"到 P0010 设定为"0"之间的参数设定为电动机的参数。

2）控制参数的设定。将 P0003 设定为"2"到 P2200 设定为"1"之间的参数设定为控制参数。P2200 设定为 1 时，允许投入 PID 闭环控制器，P1120 和 P1121 中设定的常规斜坡时间以及常规的频率设定值即自动被禁止。但是，在 OFF1 或 OFF3 命令之后，变频器的输出频率将按 P1121（若为 OFF3，则是 P1135）的斜坡时间下降到"0"。

3）目标参数的设定。将 P2240 到 P2261 之间的参数设定为目标参数。

P2240 为 PID 设定值，由面板 BOP 设定，设定值范围在 -200% ~ 200% 之间。

P2253 为 PID 设定值信号源。设定值 P2253 = 755 时为模拟输入 1，P2253 = 2224 时为固定的 PID 设定值（参看 P2201 至 P2207），P2253 = 2250 时为已激活的 PID 设定值（参看P2240）。

P2254 为 PID 微调信号源。选择 PID 设定值的微调信号源，将这一信号乘以微调增益系数，再与 PID 设定值相加。其设置范围为 0.00 ~ 4 000.00。

P2255 为 PID 设定值的增益系数。输入的设定值乘以这一增益系数后，使设定值与微调值之间得到一个适当的比例关系。其设置范围为 0.00 ~ 100.00。

P2256 为 PID 微调信号的增益系数。采用这一增益系数对微调信号进行标定后，再与PID 主设定值相加。其设置范围为 0.00 ~ 100.00。

P2257 为 PID 设定值的斜坡上升时间，设置范围为 0.00 ~ 650.00。

P2258 为 PID 设定值的斜坡下降时间，设置范围为 0.00 ~ 650.00。如果斜坡下降时间设定得太短，那么可能导致变频器因过电压而跳闸（F0002）或因过电流而跳闸（F0001）。

P2261 为 PID 设定值的滤波时间常数，设置范围为 0.00 ~ 60.00。

4）反馈参数的设定。将 P2264 到 P2271 之间的参数设定为反馈参数。

P2264 为 PID 反馈信号，设置范围为 0.00 ~ 4 000.00。

P2265 为 PID 反馈滤波时间，设置范围为 0.00 ~ 60.00。

P2267 为 PID 反馈信号的上限值，设置范围为 -200.00 ~ 200.00。当 PID 控制投入（P2200 = 1）并且反馈信号上升到高于这一最大值时，变频器将因故障 F0222 而跳闸。

P2268 为 PID 反馈信号的下限值，设置范围为 -200.00 ~ 200.00。当 PID 控制投入（P2200 = 1）并且反馈信号下降到低于这一最小值时，变频器将因故障 F0221 而跳闸。

P2269 为 PID 反馈信号的增益，设置范围为 0.00 ~ 500.00。当增益系数为 100.0% 时，表示反馈信号仍然是其缺省值，没有发生变化。

P2270 为 PID 反馈功能选择器，设置范围为 0～3。当 P2270 = 0 时表示禁止，当 P2270 = 1 时表示二次方根，当 P2270 = 2 时表示二次方，当 P2270 = 3 时表示三次方。

P2271 为 PID 传感器的反馈形式。当 P2271 = 0（缺省值）时，如果反馈信号低于 PID 设定值，那么 PID 控制器将增加电动机的转速，以校正它们的偏差。当 P2271 = 1 时，如果反馈信号低于 PID 设定值，那么 PID 控制器将降低电动机的转速，以校正它们的偏差。

5）PID 参数的设定。将 P2280 到 P2293 之间的参数设定为 PID 参数。

P2280 为 PID 比例增益系数，设置范围为 0.00～65.00。

P2285 为 PID 积分时间，设置范围为 0.00～60.00。

P2291 为 PID 输出上限，以［%］值表示，设置范围为 -200.00～200.00。

P2292 为 PID 输出下限，以［%］值表示，设置范围为 -200.00～200.00。

P2293 为 PID 限幅值的斜坡上升/下降时间。此参数用于设定 PID 输出最大的斜坡曲线斜率，设置范围为 0.00～100.00。

**2. 七个 PID 目标值控制参数的设定**

（1）参数的设定　七个 PID 目标值控制参数按表 2-11 相关参数进行设定。

表 2-11　七个 PID 目标值控制参数的设定

| 参数代码 | 功　　能 | 设 定 数 据 |
|---|---|---|
| P0010 | 工厂设置 | 30 |
| P0970 | 参数复位 | 1 |
| P0010 | 快速调试 | 1 |
| P0100 | 功率以 kW 为单位 | 0 |
| P0304 | 电动机额定电压 | 230V |
| P0305 | 电动机额定电流 | 1A |
| P0307 | 电动机额定功率 | 1.1kW |
| P0310 | 电动机额定频率 | 50Hz |
| P3900 | 结束快速调试 | 1 |
| P0003 | 扩展访问级 | 2 |
| P0700 | 命令选择 | 2 |
| P0701 | 端子 DIN1 功能按二进制选择目标值 + ON 命令 | 17 |
| P0702 | 端子 DIN2 功能按二进制选择目标值 + ON 命令 | 17 |
| P0703 | 端子 DIN3 功能按二进制选择目标值 + ON 命令 | 17 |
| P0725 | 端子输入高电平有效 | 1 |
| P1000 | 选择固定频率设定值 | 3 |
| P1080 | 下限频率 | 20Hz |
| P1082 | 上限频率 | 50Hz |
| P2200 | PID 控制功能有效 | 1 |
| P2201 | PID 固定目标值 1 | 10 |
| P2202 | PID 固定目标值 2 | 20 |

（续）

| 参数代码 | 功　能 | 设定数据 |
|---|---|---|
| P2203 | PID 固定目标值 3 | 30 |
| P2204 | PID 固定目标值 4 | 40 |
| P2205 | PID 固定目标值 5 | 50 |
| P2206 | PID 固定目标值 6 | 60 |
| P2207 | PID 固定目标值 7 | 70 |
| P2216 | PID 固定目标值方式 - 位 0 二进制选择 + ON 命令 | 3 |
| P2217 | PID 固定目标值方式 - 位 1 二进制选择 + ON 命令 | 3 |
| P2218 | PID 固定目标值方式 - 位 2 二进制选择 + ON 命令 | 3 |
| P2253 | 已激活的 PID 设定值 | 2 250 |
| P2254 | 无 PID 微调信号源 | 70 |
| P2255 | PID 设定值的增益系数 | 100 |
| P2256 | PID 微调信号增益系数 | 0 |
| P2257 | PID 设定值斜坡上升时间 | 1s |
| P2258 | PID 设定值的斜坡下降时间 | 1s |
| P2261 | PID 设定值无滤波 | 0 |
| P2264 | PID 反馈信号由 AIN + 设定 | 755.0 |
| P2265 | PID 反馈信号无滤波 | 0 |
| P2267 | PID 反馈信号的上限值 | 100% |
| P2268 | PID 反馈信号的下限值 | 0 |
| P2269 | PID 反馈信号的增益 | 100% |
| P2270 | 不用 PID 反馈器的数学模型 | 0 |
| P2271 | PID 传感器的反馈形式为正常 | 0 |
| P2280 | PID 比例增益系数 | 15 |
| P2285 | PID 积分时间 | 10s |
| P2291 | PID 输出上限 | 100% |
| P2292 | PID 输出下限 | 0 |
| P2293 | PID 限幅的斜坡上升/下降时间 | 1s |

（2）参数含义及设定操作

1）电动机参数的设定。七个 PID 目标值控制的电动机参数的设定与一个 PID 目标值控制的电动机参数设定相同。

2）控制参数的设定。将 P0003 设定为"2"到 P2200 设定为"1"之间的参数设定为控制参数。与一个 PID 目标值控制参数不相同的是 P0701 到 P0703 的设置。

3）目标参数的设定。将 P2201 到 P2261 之间的参数设定为控制参数。

P2201 为 PID 控制器的固定频率设定值"1"，设定值范围为 - 200% ~ 200%。

P2202 为 PID 控制器的固定频率设定值"2"，设定值范围为 - 200% ~ 200%。

P2203 为 PID 控制器的固定频率设定值"3"，设定值范围为 - 200% ~ 200%。

P2204 为 PID 控制器的固定频率设定值 "4"，设定值范围为 -200% ~ 200%。

P2205 为 PID 控制器的固定频率设定值 "5"，设定值范围为 -200% ~ 200%。

P2206 为 PID 控制器的固定频率设定值 "6"，设定值范围为 -200% ~ 200%。

P2207 为 PID 控制器的固定频率设定值 "7"，设定值范围为 -200% ~ 200%。

其余参数设定与一个 PID 目标值控制时参数的设定相同。

4）反馈参数的设定。与一个 PID 目标值控制时反馈参数的设定相同。

5）PID 参数的设定。与一个 PID 目标值控制时 PID 参数的设定相同。

**六、应用实例**

**1. 控制要求**

一台三相异步电动机功率为 1.1kW，额定电流为 2.52A，额定电压为 380V。现需用基本控制面板和外部端子进行 PID 控制，并通过参数设置来改变变频器的 PID 闭环控制。在运行操作中目标值分别设定为：第一次，30%；第二次，50%；第三次，60%。

**2. 操作步骤**

（1）PID 控制功能操作

1）将电源与变频器及电动机连接好。

2）检查无误后方可通电。

3）按下操作面板上的 🅿 键，进入参数设置画面，按表 2-10 进行参数设置。

4）参数设置完毕后切换到运行监视模式画面。

5）合上开关 SA 时，变频器数字输入端 DIN1 输入 "ON"，变频器起动电动机。当变频器反馈信号发生变化时，将会引起电动机速度发生变化。

若反馈信号小于目标值（当反馈信号为电流输入时，目标值为 20mA × P2240 的百分数值；当反馈信号为电压输入时，目标值为 10V × P2240 的百分数值），则变频器将驱动电动机升速运行，电动机的速度增大将引起反馈信号变大。若反馈信号大于目标值，则变频器将驱动电动机降速运行，电动机的速度下降将引起反馈信号变小。

6）松开开关 SA 时，变频器数字输入端 DIN1 输入 "OFF"，电动机停止运行。

（2）注意事项

1）接线完毕后一定要重复认真检查，以防因接线错误而烧坏变频器，特别是主电源电路。

2）在接线时，拧紧变频器内部端子的力不得过大，以防损坏端子。

3）在送电和停电过程中要注意安全，特别是在停电过程中，必须在控制面板上的 LED 显示全部熄灭的情况下方可打开盖板。

4）在对变频器进行参数设定操作时，应认真观察 LED 监视内容，以免发生错误，争取一次试验成功。

5）在进行制动功能应用时，因为变频器的制动功能无机械保持作用，所以要注意安全，以防伤害事故发生。

6）在运行过程中要认真观测电动机和变频器的工作状态。

# 第六节　变频器多段速控制电路

西门子 MM420 型变频器的多段速运行共有 8 种运行速度。通过外部接线端子的控制，可以使其运行在不同的速度上，特别是与可编程序控制器联合起来控制更方便，在需要经常改变速度的生产工艺和机械设备中得到广泛应用。

**一、控制要求**

一台三相异步电动机功率为 1.1kW，额定电流为 2.52A，额定电压为 380V。现用变频器进行七段速控制，通过变频器参数设置和外端子接线来控制变频器的运行输出频率，从而达到电动机多段速运行控制的目的。在运行操作中，运行频率按表 2-12 所给参数设定运行。七段速运行曲线如图 2-21 所示。

**二、MM 420 型变频器多段速控制电路的连接**

**1. 主电路的连接**

1）输入端子 L、N 接单相电源。

2）输出端子 U、V、W 接电动机。

**2. 控制电路的连接**

多段速控制电路的连接如图 2-22 所示。

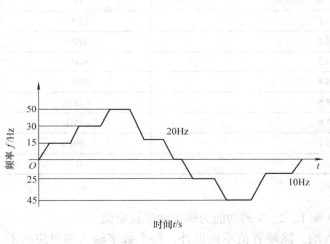

图 2-21　七段速运行曲线

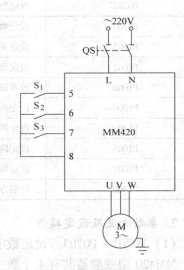

图 2-22　多段速控制电路的连接

**三、相关功能参数的设定**

**1. 参数的设定**

按表 2-12 设定相关参数。

表 2-12　多段速运行控制参数的设定

| 参数代码 | 功　能 | 设定数据 |
|---|---|---|
| P0010 | 工厂设置 | 30 |
| P0970 | 参数复位 | 1 |
| P0010 | 快速调试 | 1 |
| P0100 | 功率以 kW 为单位 | 0 |
| P0304 | 电动机额定电压 | 220V |
| P0305 | 电动机额定电流 | 1A |

（续）

| 参数代码 | 功　能 | 设定数据 |
|---|---|---|
| P0307 | 电动机额定功率 | 1.1kW |
| P0310 | 电动机额定频率 | 20Hz |
| P3900 | 结束快速调试 | 1 |
| P0003 | 扩展访问级 | 2 |
| P1000 | 频率设定选择 BOP | 3 |
| P1040 | 输出频率 | 0Hz |
| P1120 | 斜坡上升时间 | 10s |
| P1121 | 斜坡下降时间 | 10s |
| P0700 | 选择命令源 | 2 |
| P0701 | 设定数字输入端 1 的功能 | 17 |
| P0702 | 设定数字输入端 2 的功能 | 17 |
| P0703 | 设定数字输入端 3 的功能 | 17 |
| P1001 | 设定固定频率 1 | 15Hz |
| P1002 | 设定固定频率 2 | 30Hz |
| P1003 | 设定固定频率 3 | 50Hz |
| P1004 | 设定固定频率 4 | 20Hz |
| P1005 | 设定固定频率 5 | −25Hz |
| P1006 | 设定固定频率 6 | −45Hz |
| P1007 | 设定固定频率 7 | −10Hz |
| P1300 | 控制方式 | 0 |

**2. 参数含义及设定操作**

（1）P0701 ~ P0703　设定数字输入端 1、2、3 的功能为固定频率设定值

MM420 型变频器共有 4 个数字输入端，除缺省值不同以外，每个数字输入端对应的不同功能都有 19 种不同的设定值，对应本控制要求，除需要用 1 个端子来完成起动、停止外，剩余的 3 个端子用来完成 4 级速度的切换。用来完成速度切换的端子可选的设定值有 3 种，分别为：

15：固定频率设定值（直接选择）。

16：固定频率设定值（直接选择 + ON 命令）。

17：固定频率设定值 [ 二进制编码的十进制数（BCD 码）选择 + ON 命令 ]。

（2）P1001 ~ P1007　多段速设定频率。此参数为多段速设定频率值，是定义固定频率 1 ~ 7 的设定值。这 7 个参数只有缺省值不同，现以 P1001 为例，介绍它的使用方法。有以下 3 种选择固定频率的方法：

1）直接选择（P0701 = P0702 = P0703 = 15）。在这种操作方式下，一个数字输入端选择一个固定频率。如果有几个固定频率输入同时被激活，那么选定的频率是它们的总和，如 FF1 + FF2 + FF3。需要说明的是，在直接选择的操作方式下，还需要一个 ON 命令才能使变频器投入运行。

2）直接选择＋ON命令（P0701＝P0702＝P0703＝16）。选择固定频率时，既有选定的固定频率，又带有ON命令，需把它们组合在一起。在这种操作方式下，一个数字输入端选择一个固定频率。如果有几个固定频率输入同时被激活，那么选定的频率是它们的总和，如FF1＋FF2＋FF3。

3）二进制编码的十进制数（BCD码）选择＋ON命令（P0701＝P0702＝P0703＝17）。使用这种方法最多可以选择7个固定频率。固定频率数值与数字端子的组合见表2-13。

表2-13　固定频率数值与数字端子的组合

| — | — | DIN3 | DIN2 | DIN1 |
|---|---|---|---|---|
| — | OFF | 不激活 | 不激活 | 不激活 |
| P1001 | FF1 | 不激活 | 不激活 | 激活 |
| P1002 | FF2 | 不激活 | 激活 | 不激活 |
| P1003 | FF3 | 不激活 | 激活 | 激活 |
| P1004 | FF4 | 激活 | 不激活 | 不激活 |
| P1005 | FF5 | 激活 | 不激活 | 激活 |
| P1006 | FF6 | 激活 | 激活 | 不激活 |
| P1007 | FF7 | 激活 | 激活 | 激活 |

值得注意的是，为了使用固定频率功能，除按控制要求设定好不同的频率值以外，还需要将P1000的值设定为3，即应提前选择固定频率的操作方式。

**四、操作步骤**

（1）安装接线及运行调试

1）首先将主电路和控制电路线连接好。

2）经检查无误后方可通电。

3）将所涉及的参数先按要求正确置入变频器，观察LED监视器并按表2-12所给参数进行设置。

4）参数设置完毕后切换到运行监视模式画面，观察LED显示的内容，可根据相应要求按下 **Fn** 键，监视输出频率、输出电流和输出电压。

5）此时两地控制相关功能参数设定完毕，即可进行多段速正、反转运行操作。

6）当开关$S_1$、$S_2$、$S_3$均处于断开状态时，变频器的输出频率为0Hz，此时电动机停止。

7）当开关$S_1$闭合，$S_2$、$S_3$均断开时，电动机将工作在第一段速，正转频率为15Hz。

8）当开关$S_1$、$S_3$断开，开关$S_2$闭合时，电动机将工作在第二段速，正转频率为30Hz。

9）当开关$S_1$、$S_2$均闭合，$S_3$断开时，电动机将工作在第三段速，正转频率为50Hz。

10）当开关$S_1$、$S_2$均断开，开关$S_3$闭合时，电动机将工作在第四段速，正转频率为20Hz。

11）当开关$S_2$断开，开关$S_1$、$S_3$均闭合时，电动机将工作在第五段速，反转频率为15Hz。

12）当开关 $S_1$ 断开，开关 $S_2$、$S_3$ 均闭合时，电动机将工作在第六段速，反转频率为 45Hz。

13）当开关 $S_1$、$S_2$、$S_3$ 均闭合时，电动机将工作在第七段速，反转频率为 10Hz。

（2）注意事项

1）接线完毕后一定要重复认真检查，以防因接线错误而烧坏变频器，特别是主电源电路。

2）在接线时，拧紧变频器内部端子的力不得过大，以防损坏端子。

3）在送电和停电过程中要注意安全，特别是在停电过程中必须在控制面板 LED 显示全部熄灭的情况下方可打开盖板。

4）在变频器进行参数设定操作时，应认真观察 LED 显示内容，以免发生错误，争取一次试验成功。

5）由于变频器可直接切换电动机正、反转，所以必须注意使用时的安全。在变频器将电动机由正转切换为反转状态时，其加、减速时间可根据电动机的功率和工作环境条件的不同设定。

# 第三章　变频器调速系统的设计

## 第一节　变频器调速系统设计的内容和要求

### 一、变频器调速系统设计的基本内容

变频器调速系统是一种电力拖动系统。变频器调速系统的应用设计主要涉及以下内容：

1）确定负载性质和负载范围，明确工艺过程对调速系统性能指标的要求，并根据这些要求确定拖动系统的结构性方案。

2）选择电动机的类型、功率等以满足负载拖动的要求。

3）选择变频器的类型、容量、型号等。

4）选择变频器运行的相关参数，给出设定值或调试建议值。

5）选择变频器的外围设备，确定外围选配件的规格型号等。

6）设计相关的控制电路。

7）完成接线图、布置图、设备清单、设计说明和使用操作说明等电力拖动系统设计所要求的各项内容。

### 二、变频器调速系统设计的要求

#### 1. 变频器调速系统设计的基本要求

一个变频器调速系统的设计，需要明确生产工艺对系统拖动的要求。这些要求基本上有以下几个方面：

1）工艺对调速范围的要求：负载的调速范围是其最高转速与最低转速之比，如果负载与电动机之间有变速器之类的装置，那么可相应确定电动机的最高转速和最低转速。

2）负载的性质和调速范围内负载机械特性的要求。

3）电动机在变频调速后的机械特性：该机械特性是指电动机在保证稳定运行的情况下所具有的转矩和功率，应比对应情况下负载的转矩和功率要大一些，即电动机在调速范围内具有带载能力。

4）机械特性的硬度和转差率要求：这对于选择变频器的类型和变频调速控制方式具有重要意义。

5）工艺对起动转矩的要求：有的负载需要有足够大的起动转矩，如起重设备的提升机构。

6）工艺对制动过程的要求：这方面主要考虑制动时间和制动方式。

7）工艺对动态响应的要求：这方面的要求主要涉及变频调速的方式和变频器的加、减

速时间与加、减速方式。

8）对过载能力的要求：电动机应具有满足负载变化情况的过载能力。变频器的过载时间比较短，仅对电动机的起动过程有意义。对于电动机驱动可能过载并且有一定过载时间的负载，应考虑加大所选变频器的容量。

**2. 变频器调速系统设计在机械特性方面的要求**

（1）对调速范围的要求　任何调速装置的首要任务是必须满足负载对调速范围的要求。负载调速范围 $D_L$ 的概念为

$$D_L = \frac{n_{Lmax}}{n_{Lmin}}$$

式中　$n_{Lmax}$——负载的最高转速；

$n_{Lmin}$——负载的最低转速。

变频器的频率调节范围绝大多数都在 $1 \sim 400Hz$ 之间。问题是：三相异步电动机在实施了变频调速后，是否能在整个频率范围内带动负载？是否能长时间地运行？为此，在设计变频器调速系统之前，必须对负载和电动机这两个方面的情况有比较充分的了解，具体包括：

1）负载的机械特性。

2）电动机在变频调速后的机械特性，即有效转矩线。

（2）对机械特性硬度的要求　异步电动机自然机械特性的运行部分属于"硬特性"，频率改变后，其机械特性的稳定运行部分基本上是互相平行的。因此，在大多数情况下，只要采用 $V/f$ 控制方式，变频器调速系统的机械特性就已经能够满足要求了。

但是，对于某些对精度要求较高的机械系统，则有必要采用矢量控制方式（无反馈方式或有反馈方式），以保证在变频调速后得到足够硬的机械特性。除此以外，某些负载根据节能的要求需配置负（低减）$V/f$ 比功能等。

所以，负载对机械特性硬度的要求对于变频器类型的选择来说具有十分重要的意义。

（3）对加、减速及动态响应的要求　一般来说，现在的变频器在加、减速时间和方式方面，都有着相当完善的功能，足以满足大多数负载对加、减速过程的要求，但也有以下必须要注意的方面：

1）负载对起动转矩的要求。有的负载由于静态的摩擦阻力特别大，而要求系统具有足够大的起动转矩。例如，印染机械及浆纱机械在穿布或穿纱过程中需要足够大的起动转矩；起重机械的起升机构在开始上升时，也必须有足够大的起动转矩，以克服重物的重力转矩等。

2）负载对制动过程的要求。对于制动过程，需要考虑的问题有：

① 根据负载对制动时间的要求，考虑是否需要配用制动电阻以及配用多大的制动电阻。

② 对于在较长时间内，电动机可能处于再生制动状态的负载（如起重机）来说，还应考虑是否采用电源反馈方式的问题。

3）负载对动态响应的要求。在大多数情况下，变频调速开环系统的动态响应能力是能够满足要求的。但对于某些对动态响应要求很高的负载，则应考虑采用具有转速反馈环节的矢量控制方式。

**3. 变频器调速系统设计在运行可靠性方面的要求**

（1）对于过载能力的要求　在决定电动机功率时，主要考虑的是发热问题，只要电动

机的温升不超过其额定温升，短时间的过载是允许的。在长期变化负载、断续负载以及短时负载中，这种发热情况是常见的。必须注意的是，这里所说的短时间是相对于电动机的发热过程而言的。对于功率较小的电动机来说，可能是几分钟，而对于功率较大的电动机来说，则可能是几十分钟，甚至几个小时。

变频器也有过载能力，但允许的过载时间只有1min。这仅仅对电动机的起动过程才有意义，而相对于电动机允许的短时间过载而言，变频器实际上是没有过载能力的。对于电动机可能存在短时间过载的负载，必须考虑加大变频器的容量。

（2）对机械振动和寿命的要求　在这方面，需要考虑的有：

1）如何避免机械谐振的问题。

2）电动机高速（超过额定转速）运行时，机械的振动问题以及各部分轴承及传动机构的磨损问题等。

# 第二节　变频器调速系统的应用设计

变频器调速系统的应用设计主要涉及生产机械的驱动情况、电动机型号与功率等的选择、变频器的选择、变频器外围设备的选择、制动电阻的选择与计算等。

## 一、恒转矩负载变频器调速系统的设计

### 1. 恒转矩负载的基本特点

恒转矩负载应具有以下特征：

1）在转速变化的过程中，负载的阻转矩保持不变，即 $T_L$ 为常数。

2）负载的机械功率 $P_L$ 与转速成正比，即

$$P_L = \frac{T_L n_L}{9\,550} \propto \quad n_L$$

### 2. 系统设计的主要问题

对于恒转矩负载，在设计变频调速系统时，必须注意的主要问题是调速范围能否满足要求。例如，某变频器调速系统的有效转矩线如图3-1所示。

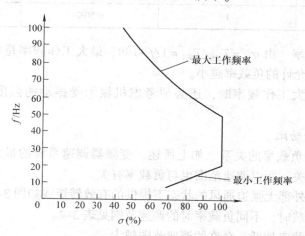

图 3-1　某变频器调速系统的有效转矩线

图 3-1 中的横坐标是电动机的负载率，其定义是电动机轴上的负载转矩 $T'_L$（负载折算到电动机轴上的转矩）与电动机额定转矩 $T_{MN}$ 的比值

$$\sigma = \frac{T'_L}{T_{MN}} \times 100\%$$

式中　$\sigma$——负载率；

　　$T'_L$——负载转矩的折算值（N·m）；

　　$T_{MN}$——电动机的额定转矩（N·m）。

电动机在不同频率下的有效转矩与额定转矩之比，是电动机的允许负载率，结合上式得

$$\sigma_A = \frac{T_{MX}}{T_{MN}} \times 100\%$$

式中　$\sigma_A$——允许负载率。

　　$T_{MX}$——电动机的有效转矩（N·m）；

　　$T_{MN}$——电动机的额定转矩（N·m）。

所以，变频器调速系统能够正常运行的条件是 $\sigma \leqslant \sigma_A$。

由图 3-1 可知：当负载率 $\sigma = 100\%$ 时，电动机允许的最大工作频率 $f_{max} = 50\text{Hz}$，最小工作频率 $f_{min} = 20\text{Hz}$，调速范围只有 2.5 倍，满足不了许多负载所要求的调速范围。具体分析如下：

（1）最小工作频率　变频器调速系统中允许的最小工作频率除了决定于变频器本身的性能及控制方式外，还和电动机的负载率及散热条件有关。各种控制方式的最小工作频率见表 3-1。

表 3-1　　各种控制方式的最小工作频率

| 控 制 方 式 | 最小工作频率 | 允许负载率 | |
| --- | --- | --- | --- |
| | | 无外部通风 | 有外部通风 |
| 有反馈矢量控制 | 0.1 | ≤75% | 100% |
| 无反馈矢量控制 | 5 | ≤80% | 100% |
| $v/f$ 控制 | 1 | ≤50% | ≤55% |

（2）最大工作频率　由 $\sigma_A = T_{MX}/T_{MN} = 1/f$ 可知，最大工作频率是与允许负载率成反比的。工作频率越大，允许的负载率越小。

此外，在决定最大工作频率时，还必须考虑机械承受振动的强度以及轴承的磨损情况等。

**3. 调速范围与传动比**

（1）调速范围与负载率的关系　如上所述，变频器调速系统的最大工作频率和最小工作频率都与负载率有关，所以调速范围也与负载率有关。

假设某变频器在外部无强迫通风的状态下提供的有效转矩线如图 3-1 所示。由图 3-1 可知，在拖动恒转矩负载时，不同负载率时的调速范围见表 3-2。

表 3-2 说明，负载率越低，允许的调速范围越大。

**表 3-2　不同负载率时的调速范围**

| 负载率（%） | 最高频率/Hz | 最低频率/Hz | 调速范围 |
|---|---|---|---|
| 100 | 50 | 20 | 2.5 |
| 90 | 56 | 15 | 3.7 |
| 80 | 62 | 11 | 5.6 |
| 70 | 70 | 6 | 11.7 |
| 60 | 78 | 6 | 13.0 |

（2）负载率与传动比的关系　尽管负载本身的转矩是不变的，但是负载转矩折算到电动机轴上的值却是和传动比有关的。传动比 $\lambda$ 越大，则负载转矩的折算值越小，电动机轴上的负荷率也就越小。传动机构的这一特点，提供了一个扩大调速范围的途径。

（3）调速范围与传动比的关系　由表 3-2 可知：

1）当电动机轴上的负载率为 100% 时，允许的调速范围是比较小的。

2）在负载转矩不变的前提下，传动比越大，则电动机轴上的负载率就越小，那么调速范围（频率调节范围）就会越大。

因此，当调速范围不能满足负载要求时，可以考虑通过适当增大传动比来减小电动机轴上的负载率，从而增大调速范围。

**4. 传动比的选择举例**

**例 3-1**　某恒转矩负载要求最高转速 $n_{Lmax}=720\text{r/min}$，最低转速 $n_{Lmin}=80\text{r/min}$（调速范围 $D_L=9$），满负荷时负载侧的转矩为 $T_L=140\text{N}\cdot\text{m}$。

原选电动机的数据：$P_{MN}=11\text{kW}$，$n_{MN}=1440\text{r/min}$，$p=2$。

原有传动装置的传动比为 $\lambda=2$。因此，折算到电动机轴上的数据为

$$n'_{Lmax}=n_{Lmax}\times2=1\,440\text{r/min}$$

$$n'_{Lmin}=n_{Lmin}\times2=160\text{r/min}$$

$$T'_L=140\text{N}\cdot\text{m}/2=70\text{N}\cdot\text{m}$$

根据以上负载参数可绘出负载的机械特性曲线，如图 3-2 所示。

今采用变频调速，用户要求不增加额外的装置（如转速反馈装置及风扇等），但可以适当改变带轮的直径，在一定的范围内调整传动比。

**解**

（1）计算负载率

1）电动机的额定转矩。根据电动机的额定功率和额定转速求出电动机的额定转矩为

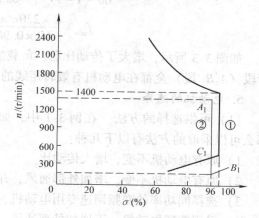

**图 3-2　负载的机械特性**

注：曲线①为负载率为有效转矩线，曲线②为负载率为 96% 时的机械特性曲线。

$$T_{MN} = \frac{9\,550 \times 11\,kW}{1\,440\,r/min} = 72.95\,N \cdot m$$

2）电动机满载时的负载率。根据电动机轴上的负载转矩与额定转矩求出电动机满载时的负载率为

$$\sigma = \frac{70\,N \cdot m}{72.95\,N \cdot m} \times 100\% = 96\%$$

（2）核实允许的变频范围

1）当负载率为 96% 时，允许频率范围是 6～70Hz，调频范围为

$$D_f = \frac{70\,Hz}{6\,Hz} = 11.7 > D_L$$

2）电动机轴上的负载转矩应限制的范围为

$$T'_L \leqslant 72.95\,N \cdot m \times 70\% = 51\,N \cdot m$$

（3）确定传动比

$$\lambda' \geqslant \frac{140\,N \cdot m}{51\,N \cdot m} = 2.745$$

选 $\lambda' = 2.75$

（4）校核

1）电动机的转速范围

$$n_{Mmax} = 720\,r/min \times 2.75 = 1\,980\,r/min$$

$$n_{Mmin} = 80\,r/min \times 2.75 = 220\,r/min$$

2）工作频率范围。由图 3-2 可知，电动机的转差率为

$$s = \frac{1\,500\,r/min - 1\,400\,r/min}{1\,500\,r/min} = 0.04$$

则电动机的工作频率范围为

$$f_{max} = \frac{pn}{60\,(1-s)} = \frac{2 \times 1\,980\,r/min}{60 \times 0.96} = 68.75\,Hz < 70\,Hz$$

$$f_{min} = \frac{2 \times 220\,r/min}{60 \times 0.96} = 7.64\,Hz > 6\,Hz$$

如图 3-3 所示，增大了传动比后，负载的机械特性曲线移到了曲线③的位置，其实际运行段（$A_2B_2$ 段）全都在电动机有效转矩线的范围内。

**5. 电动机的选择**

（1）可供选择的方法　在例 3-1 中，如果对于如何实现变频调速不作任何限制的话，那么可以采取的方法有以下几种：

1）原有电动机不变，增大传动比。

2）原有电动机不变，增加外部通风，并采用带转速反馈的矢量控制方式。

3）选择同功率的变频调速专用电动机，并采用带转速反馈的矢量控制方式。

4）采用普通电动机，不增加外部通风，也不采用带转速反馈的矢量控制方式，而是增大电动机功率。增大后的电动机功率的计算公式为

$$P'_{MN} = P_{MN}\frac{\lambda'}{\lambda} = 11\,kW \times \frac{2.75}{2} = 15\,kW$$

（2）选择原则　在实际工作中，大致有以下几种情况：

1）如果属于旧设备改造，那么应尽量不改变原有电动机。

2）如果是设计新设备，那么应尽量考虑选用变频调速专用电动机，以增加运行的稳定性和可靠性。

3）如果增大传动比后，电动机的工作频率过高，那么可考虑采取增大电动机功率的方法。

（3）电动机最大工作频率的确定　电动机最大工作频率以多大为宜，需要根据具体情况来决定。

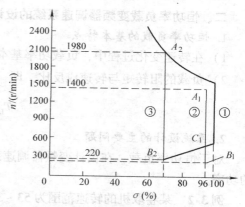

图 3-3　增大传动比后负载的机械特性曲线
注：曲线①为有效转矩线，曲线②为负载率为96%时的机械特性曲线，曲线③为增大传动比后的机械特性曲线。

1）$p \geqslant 4$ 的普通电动机。如上所述，当 $f_x > 2f_N$ 时，电动机的有效转矩将减小很多。这对于拖动恒转矩负载来说，并无实际意义。一般来说，在拖动恒转矩负载时，实际工作频率的范围为

$$f_x \leqslant 1.5 f_N$$

2）$p = 1$ 的普通电动机。由于在额定频率以上运行时，电动机转速超过 3000r/min，这时，需要考虑轴承和传动机构的磨损及振动等问题，所以通常以 $f_x \leqslant 1.2 f_N$ 为宜。

**6. 变频器的选择**

（1）变频器容量的选择

1）对于长期恒定负载，变频器的容量（指变频器说明书中的"配用电动机容量"）只需与电动机功率相当即可。

2）对于断续负载和短时负载，由于电动机有可能在短时间内过载，故变频器的容量应适当加大，通常，应满足最大电流原则，即

$$I_N \geqslant I_{Mmax}$$

式中　$I_N$ ——变频器的额定电流；

$I_{Mmax}$ ——电动机在运行过程中的最大电流。

（2）变频器类型及控制方式的选择　在选择变频器类型时，需要考虑的因素有：

1）调速范围。如上所述，在调速范围不大的情况下，可考虑选择较为简易的，只有 $V/f$ 控制方式的变频器，也可采用无反馈矢量控制方式；当调速范围很大时，应考虑采用有反馈的矢量控制方式。

2）负载转矩的变动范围。对于转矩变动范围不大的负载，也可首先考虑选择较为简易的，只有 $V/f$ 控制方式的变频器。但对于转矩变动范围较大的负载，由于所选的 $V/f$ 线不能同时满足重载与轻载时的要求，故不宜采用 $V/f$ 控制方式。

3）负载对机械特性的要求。若负载对机械特性的要求不是很高，则可考虑选择较为简易的，只有 $V/f$ 控制方式的变频器，而在对机械特性要求较高的场合，则必须采用矢量控制方式。如果负载对动态响应性能也有较高要求的话，那么还应考虑采用有反馈的矢量控制方式。

## 二、恒功率负载变频器调速系统的设计

### 1. 恒功率负载的基本特点

1）在转速变化过程中，负载功率基本保持不变，即 $P_L$ 为常数。

2）负载的阻转矩与转速成反比，即

$$T_L = \frac{9\,550 P_L}{n_L}$$

### 2. 系统设计的主要问题

对于恒功率负载，在设计变频器调速系统时，必须注意的主要问题是如何减小拖动系统的功率。

**例 3-2**  某卷取机的转速范围为 53～318r/min，电动机的额定转速为 960r/min，传动比 $\lambda = 3$。

卷取机的机械特性如图 3-4a 中曲线①所示。图 3-4 中的横坐标是负载转矩 $T_L$ 的折算值 $T_L'$，纵坐标是负载转速 $n_L$ 的折算值 $n_L'$。这里，转速的折算值 $n_L'$ 实际上就是电动机的转速 $n_M$。在计算时，为了方便比较，负载的转矩和转速都用折算值。

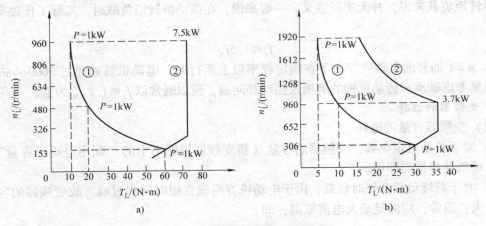

图 3-4  电动机拖动恒功率负载

**解**

（1）最高转速时的负载功率  由图 3-4a 中的曲线①可知

$$T_L' = T_{Lmin}' = 10 \text{N} \cdot \text{m}$$
$$n_L' = n_{Lman}' = 960 \text{r/min}$$

所以

$$P_L = \frac{10 \text{N} \cdot \text{m} \times 960 \text{r/min}}{9\,550} \approx 1 \text{kW}$$

（2）最低转速时的负载功率  由图 3-4a 中的曲线①可知

$$T_L' = T_{Lman}' = 60 \text{N} \cdot \text{m}$$
$$n_L' = n_{Lmin}' = 153 \text{r/min}$$

所以

$$P_L = \frac{60 \text{N} \cdot \text{m} \times 153 \text{r/min}}{9\,550} \approx 1 \text{kW}$$

（3）所需电动机的功率　因为电动机的额定转矩必须能够带动负载的最大转矩，所以

$$T_{MN} \geqslant T'_{Lmax} = 60N \cdot m$$

同时，电动机的额定转速又必须满足负载的最高转速，故

$$n_{MN} \geqslant n'_{Lmax} = 960r/min$$

所以，电动机的功率应满足

$$P_{MN} \geqslant \frac{60N \cdot m \times 960r/min}{9\,550} \approx 6kW$$

选 $P_{MN} = 7.5kW$。

可见，所选电动机的功率比负载所需功率增大了7.5倍。

这是因为，如果把频率范围限制在 $f_x \leqslant f_N$ 内，那么所需电动机的功率为

$$P_{MN} \geqslant \frac{T_{Lmax}n_{Lmax}}{9\,550}$$

而负载所需功率为

$$P_L = \frac{T_{Lmax}n_{Lmin}}{9\,550}$$

两者之比为

$$\frac{P_{MN}}{P_L} \geqslant \frac{n_{Lmax}}{n_{Lmin}} = D_L$$

式中　$D_L$——负载的调速范围。

变频器调速系统的功率比负载所需功率大了 $D_L$ 倍，是很浪费的。

**3. 减小系统功率的对策**

（1）基本考虑　电动机在 $f_x > f_N$ 时的有效转矩线也具有恒功率性质，应考虑利用电动机的恒功率区来带动恒功率负载，使两者的特性比较吻合。

（2）频率范围扩展至 $f_x \leqslant 2f_N$ 时的系统功率　以 $f_{max} = 2f_N$ 为例，因为电动机的最高转速比原来增大了一倍，则传动比 $\lambda'$ 也比原来增大一倍，为 $\lambda' = 6$。图 3-4b 画出了传动比增大后的机械特性曲线。其计算结果如下：

1）电动机的额定转矩。因为 $\lambda' = 2\lambda$，所以负载转矩的折算值减小为原来的 1/2，即

$$T_{MN} \geqslant T'_{Lmax} = 30N \cdot m$$

2）电动机的额定转速仍为 960r/min。

3）电动机的功率

$$P_{MN} \geqslant \frac{30N \cdot m \times 960r/min}{9\,550} \approx 3kW$$

取 $P_{MN} = 3.7kVA$

可见，所需电动机的功率减小为原来的 1/2。

由于电动机的工作频率过高，会引起轴承及传动机构磨损的增加，故对于卷取机这样必须连续调速的机械来说，拖动系统的功率已经不大可能进一步减小了。

（3）$f_x \leqslant 2f_N$ 时两挡传动比的系统功率　有些机械对转速的调整只在停机时进行，而在工作过程中并不调速，如车床等金属切削机床的调速。对于这类负载，可考虑将传动比分为两挡，如图 3-5 所示。

1）分挡方法

① 低速挡。当电动机的工作频率从 $f_{min}$ 变化到 $f_{max}$ 时，负载转速从 $n_{Lmin}$ 增大到 $n_{Lmax1}$，$n_{Lmax1}$ 是高速挡与低速挡之间的分界速。

② 高速挡。当电动机的工作频率从 $f_{min}$ 变化到 $f_{max}$ 时，负载转速从 $n_{Lmax1}$ 增大到 $n_{Lmax2}$。

2）分界速 $n_{Lmax1}$ 的计算。忽略掉电动机转差率变化的因素，则在低速挡的调频范围有

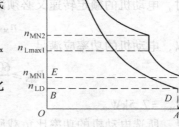

图 3-5　$f_x \leqslant 2f_N$ 两挡传动比时的恒功率负载

$$\frac{n_{Lmax1}}{n_{Lmin}} \approx \frac{f_{max}}{f_{min}} = D_f$$

在高速挡的调频范围有

$$\frac{n_{Lmax2}}{n_{Lmax1}} \approx \frac{f_{max}}{f_{min}} = D_f$$

所以

$$D_L = \frac{n_{Lmax2}}{n_{Lmin}} = D_f^2$$

从而 $D_f = \sqrt{D_L}$

分界速的大小计算公式为

$$n_{Lmax1} = \frac{n_{Lmax2}}{D_f} = \frac{n_{Lmax2}}{\sqrt{D_L}}$$

如果计算准确，那么可使电动机的有效转矩线与负载的机械特性曲线十分贴近，则所需电动机功率也与负载所需功率接近，如图 3-5 中的面积 $OA'CE$。

**4. 电动机功率的选择**

如上所述，电动机的功率与传动比密切相关，所以在进行计算时，必须和传动机构的传动比、调速系统的最高工作频率等因素一起，进行综合考虑。总的原则是：在最高工作频率不超过 2 倍额定频率的前提下，通过适当调整传动机构的传动比，尽量减小电动机的功率。

由于卷取机械的转速（频率）随着卷径的增大不断下降，所以其机械特性曲线也就不断地变换。因此，机械特性的硬度对于这类负载来说，并无意义（因为机械特性是针对在同一条曲线上运行时的转速变化而言的），一般来说，选用普通电动机就可满足要求。

对于机床类负载，则由于在切削过程中转速是不调节的，故对机械特性的要求较高，且调速范围往往也很大，应考虑采用变频调速专用电动机。

**5. 变频器的容量和类别**

对于卷取机械，由于其很少出现过载，故变频器的容量只需与电动机相符即可。变频器也可选择通用型的，采用 $V/f$ 控制方式已经足够。但机床类负载则是长期变化负载，是允许电动机短时间过载的，故变频器的容量应加大一挡，并且应采用矢量控制方式。

**三、二次方律负载变频器调速系统的设计**

**1. 二次方律负载的基本特点**

在转速变化过程中，负载的转矩和功率的计算式为

$$T_L = T_0 + K_T n_L^2$$
$$P_L = P_0 + K_P n_L^2$$

**2. 系统设计的主要问题**

二次方律负载实现变频调速后的主要问题是如何得到最佳的节能效果。

（1）节能效果与 V/f 线的关系　如图 3-6a 所示，曲线①是二次方律负载的机械特性，曲线④是电动机在 V/f 控制方式下转矩补偿为零时的有效转矩线。当转速为 $n_x < n_N$ 时，由曲线①知，负载转矩为 $T_{Lx}$；由曲线④知，电动机的有效转矩为 $T_{Mx}$。

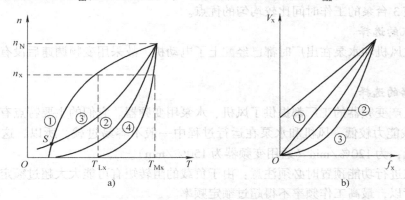

图 3-6　电动机的有效转矩线与低减 V/f 比

十分明显，即使转矩补偿为零，在低频运行时，电动机的有效转矩与负载转矩相比，仍有较大余量。这说明，该拖动系统还有相当大的节能余地。

为此，变频器设置了若干条 V/f 低频减速线，如图 3-6b 中的曲线②和③所示。与此对应的有效转矩线如图 3-6a 中的曲线②和③所示。

但在选择 V/f 低频减速线时，有时会发生难以起动的问题。图 3-6a 所示，曲线①和曲线③相交于 S 点，显然，在 S 点以下，拖动系统是难以起动的。对此，可采取的对策有：选用曲线②或适当加大起动频率。

应该注意的是，几乎所有变频器在出厂时都把 V/f 线设定在具有一定补偿量的情况下（V/f > 1）。如果用户未经功能预置而直接接上水泵或风机运行，那么节能效果就不明显了，在个别情况下，甚至会出现低频运行时因励磁电流过大而跳闸的现象。

电动机有效转矩线的形状不可能与负载的机械特性曲线完全吻合，所以，即使在低频减速 V/f 比的情况下运行，仍具有节能潜力。为此，有的变频器还设置了自动节能功能，以利于进一步挖掘节能潜力。

（2）节能效果与变频器数量的关系　由于变频器较贵，为了减少设备投资，不少单位常常采用由一台变频器控制多个负载的方案，即只有一个负载进行变频调速，其余都在工频下运行。从控制效果（如恒压供水）来说，这是完全可行的。但很显然，这是以牺牲节能效果为代价的。

例如，在 1 控 3 的恒压供水系统（所谓 1 控 3，是指由 1 台变频器控制 3 台水泵的方式，目的是减少设备费用）中，3 台水泵中只有 1 台是变频运行的，其总体节能效果不如用 3 台变频器控制 3 台水泵。

设 3 台水泵分别为 1 号泵、2 号泵和 3 号泵，则其工作过程为：先由变频器起动 1 号泵运行，若工作频率已经达到 50Hz 而压力仍不足，则将 1 号泵切换成工频运行，再由变频器去起动 2 号泵，使供水系统处于"1 工 1 变"的运行状态；若变频器的工作频率又已达到 50Hz 而压力仍不足，则将 2 号泵也切换成工频运行，再由变频器去起动 3 号泵，使供水系统处于"2 工 1 变"的运行状态；若变频器的工作频率已经降至下限频率而压力仍偏高，则令 1 号泵停机，使供水系统又处于"1 工 1 变"的运行状态；若变频器的工作频率又降至下限频率而压力仍偏高，则令 2 号泵也停机，供水系统又恢复到 1 台泵变频运行的状态。这样安排，具有使 3 台泵的工作时间比较均匀的优点。

**3. 电动机的选择**

绝大多数风机和水泵在出厂时都已经配上了电动机，故采用变频调速后没有必要另配电动机。

**4. 变频器的选择**

大多数生产变频器的工厂都提供了风机、水泵用变频器。它们的主要特点有：

（1）过载能力较低　风机和水泵在运行过程中一般不容易过载，所以，这类变频器的过载能力较低，为 120%/min（通用变频器为 150%/min）。

因此，在进行功能预置时必须注意：由于负载的阻转矩有可能大大超过额定转矩，使电动机过载，所以，最高工作频率不得超过额定频率。

（2）配置了自动切换功能　如上所述，在水泵的控制系统中，常常需要有 1 台变频器控制多台水泵的情形，为此，不少变频器都配置了能够自动切换的功能。

# 第三节　变频器的选择

## 一、变频器类型的选择

根据控制功能将通用变频器分为四种类型，即普通功能型 $V/f$ 控制方式通用变频器、具有转矩控制功能的 $V/f$ 控制方式通用变频器、具有矢量控制方式的高性能型通用变频器、具有直接转矩控制方式的高性能型通用变频器。

根据生产机械的机械特性不同，把负载分为四种类型，即恒转矩负载、恒功率负载、二次方律负载和直线律负载。

因为电力拖动系统的稳态工作情况取决于电动机和负载的机械特性，不同负载的机械特性和性能要求是不同的，所以在选择变频器类型时，要根据负载的类型、调速范围、静态速度精度、起动转矩等的具体要求来进行。在满足工艺和生产基本条件和要求的前提下，力求做到既经济，又好用。

**1. 恒转矩负载变频器的选择**

恒转矩负载是指负载转矩的大小只取决于负载的轻重，而与负载转速大小无关的负载。在工矿企业中应用比较广泛的挤压机、搅拌机、桥式起重机、提升机和带式输送机等都属于恒转矩负载类型。其特殊之处在于无论正转和反转都有着相同大小的转矩。选择恒转矩负载变频器时，需要考虑的因素有以下几个方面：

（1）调速范围　在调速范围不大，对机械特性硬度要求也不高的情况下，可以考虑普通功能型 $V/f$ 控制方式的变频器或无反馈的矢量控制方式。当调速范围很大时，应考虑采用有反馈的矢量控制方式。

（2）负载转矩的变动范围　对于转矩变动范围不大的负载，首先应考虑选择普通功能型 V/f 控制方式的变频器，并且为了实现恒转矩调速，常采用加大电动机功率和变频器容量的方法，以提高低速转矩。对于转矩变动范围较大的负载，可以考虑选择具有转矩控制功能的高功能型 V/f 控制方式的变频器来实现负载的调速运行。这种变频器低速转矩大，静态机械特性硬度大，不怕冲击负载，具有挖土机特性。此外，恒转矩负载下的传动电动机如果采用通用性标准电动机，那么还应考虑低速下的强迫通风制冷问题。

（3）负载对机械特性的要求　若负载对机械特性要求不是很高，则可以考虑选择普通功能型 V/f 控制方式的变频器，而在对机械特性要求较高的场合，则必须采用矢量控制方式。如果负载对动态响应性能也有较高要求，那么还应考虑采用有反馈的矢量控制方式。

**2. 恒功率负载变频器的选择**

恒功率负载是指转矩与转速成反比而功率基本维持不变的负载。大部分卷取机械都是恒功率负载，如造纸机械、薄膜卷取机等。对于此类负载，变频器可以选择通用型的，采用 V/f 控制方式的变频器已经够用。但对于动态性能和准确度有较高要求的卷取机械，则必须采用有矢量控制功能的变频器。

**3. 二次方律负载变频器的选择**

二次方律负载是指转矩与转速的二次方成正比的负载。风扇、离心式风机和水泵都属于典型的二次方律负载。对于此类负载，选择变频器时，可以考虑选用风机、水泵专用变频器。此类变频器有利于风机、水泵调速系统的设计和简化。

风机、水泵专用变频器具有以下特点：

1）由于风机、水泵一般不容易过载，低速时负载转矩较小，所以此类变频器的过载能力较低，通常为 120%/min（通用变频器为 150%/min），在进行功率预制时必须注意。由于负载的转矩与转速的二次方成正比，当工作频率高于额定频率时，负载的转矩有可能大大超过变频器的额定转矩，使电动机过载，所以，其最高工作频率不得超过额定频率。

2）配置了进行多泵切换、换泵控制的转换功能。

3）配置了一些其他专用的控制功能，如睡眠唤醒、消防控制、水位控制、定时开关机、PID 调节等。

**4. 其他类型负载变频器的选择**

（1）直线律负载变频器的选择　轧钢机和碾压机等都是直线律负载。直线律负载的机械特性虽然也有典型意义，但是选用变频器时的基本要点与二次方律负载相同，所以不作为典型负载来讨论。

（2）混合特殊性负载变频器的选择　金属切削机床属于混合特殊性负载。金属切削机床除了在切削加工毛坯时负载有较大变化外，在其他切削加工过程中，负载的变化通常是很小的。就切削精度而言，选择 V/f 控制方式能够满足要求，但从节能角度来看，并不十分理想。矢量控制变频器在无反馈矢量控制方式下，已经能够在 0.5Hz 时稳定运行，完全可以满足要求，而且无反馈矢量控制方式能够克服 V/f 控制方式的缺点。当金属切削机床对加工精度有特殊要求时，才考虑采用反馈矢量控制方式。

目前，国内外已有众多生产厂家定性生产多个系列的变频器，应根据实际需要选择满足使用要求的变频器。

1）对于希望具有恒转矩特性，但在转速精度及动态性能方面要求不高的负载，可以选用无矢量控制方式的变频器。

2）对于低速时要求有较硬的机械特性，并要求有一定的调速精度，在动态性能方面无较高要求的负载，可选用不带速度反馈矢量控制方式的变频器。

3）对于某些对调速精度及动态性能方面都有较高要求，以及要求高精度同步运行的负载，可以选用带速度反馈矢量控制方式的变频器。

4）对于风机和泵类负载，由于低速时转矩较小，对过载能力和转速精度要求较低，所以可选用廉价的变频器。

在选用变频器时，除了考虑以上技术因素外，还应综合考虑产品的质量、价格和售后服务等因素。

### 二、变频器的选型

1）按照变频器内部直流电源的性质不同，变频器可分为电流型变频器和电压型变频器两种。电流型变频器属于 120°导电型，适用于频繁急加速或急减速的大功率电动机的传动控制，并且主电路不需要附加任何设备就可实现电动机的再生发电制动。电压型变频器属于 180°导电型，适用于多台电动机并联运行的传动控制，但需要在电源侧附加反并联逆变器才可实现电动机的再生发电制动。

2）按照安装形式的不同，变频器可分为四种，可根据受控电动机功率及现场安装条件选用合适的类型。一种是固定式（壁挂式），容量多在 37kV·A 以下；第二种是书本式，容量在 0.2 ~ 37kV·A 之间，占用空间相对较小，安装时可紧密排列；第三种是装机/装柜式，容量为 45 ~ 200kV·A，需要附加电路及整体固定壳体，体积较为庞大，占用空间相对较大；第四种为柜式，控制功率为 45 ~ 1500kV·A，除具备装机/装柜式的特点外，占用空间更大。

3）从变频器的电压等级来看，有单相 AC 230V，也有三相 AC 208 ~ 230V、AC 380 ~ 460V、AC 500 ~ 575V、AC 660 ~ 690V 等级别，应根据电动机的额定电压选择。

4）变频器的防护常见有 IP10、IP20、IP30 和 IP40 四个等级，分别能防止 $\phi50mm$，$\phi12mm$，$\phi2.5mm$，$\phi1mm$ 的固体物进入变频器。应根据变频器使用场所选择相应的防护等级，以防止老鼠、异物等进入。

5）从调速范围及精度而言，PC（频率控制）方式变频器的调速范围为 1:25；VC（矢量控制）方式变频器的调速范围为 1:100 ~ 1:1 000；SC（伺服控制）方式变频器的调速范围为 1:4000 ~ 1:1000。一般选用 PC 方式变频器即可满足生产要求。

6）从变频器的最高输出频率来看，有 50Hz/60Hz、120Hz、240Hz 或更高输出频率的变频器，应根据电动机的调速最大值进行选择。

变频器选型时，应兼顾上述各点要求，根据负载特性和生产现场的情况正确选择。

### 三、变频器容量的选择

变频器的容量一般用额定输出电流（单位为 A）、输出容量（单位为 kV·A）、适用电动机功率（单位为 kW）来表示。其中，额定输出电流是指变频器可以连续输出最大交流电流的有效值；输出容量取决于额定输出电流与额定输出电压乘积的三相视在输出功率；适用电动机功率是以 2 极、4 极的标准电动机为对象，表示在额定输出电流以内可以驱动的电动机功率。同时应注意：6 极及以上的电动机和变极电动机等特殊电动机的额定电流比标准电动机的额定电流大，所以不能根据适用电动机的功率选择变频器的容量。因此，对于用标准 2 极、4 极电动机拖动的连续恒定负载，变频器的容量可以根据适用电动机的功率选择；对于用 6 极及以上的电动机或变极电动机拖动的负载、变动负载、断续负载和短路负载，变频器的容量应按运行过程中可能出现的最大工作电流来选择。

总之，变频器容量的选择原则是：变频器的额定容量所适用的电动机功率不应小于实际使用电动机的额定功率；变频器的额定输出电流不应小于实际使用电动机的额定电流；变频器的额定输出电压不应小于实际使用电动机的额定电压。

采用变频器驱动异步电动机调速时，在异步电动机确定后，通常首先应根据异步电动机的额定电流来选择变频器，或者根据异步电动机实际运行中的最大电流来选择变频器，然后再校验额定功率和额定电压是否满足运行条件。

**1. 连续运行时变频器容量的选择**

由于变频器供给异步电动机的电流是脉动电流，其脉动电流值比工频供电时的电流值要大，所以必须将变频器的容量留有适当的余量。此时，所选变频器必须同时满足以下三个条件：

$$P_{CN} \geq \frac{kP_M}{\eta \cos\phi}$$

$$I_{CN} \geq kI_M$$

$$P_{CN} \geq \sqrt{3} kU_M I_M \times 10^{-3}$$

式中　$P_{CN}$——变频器的额定容量（kV·A）；

$k$——电流波形的修正系数（PWM 方式时，取 1.0 ~ 1.05）；

$P_M$——负载所要求的电动机轴输出功率（kW）；

$\eta$——电动机的效率（通常约为 0.85）；

$\cos\phi$——电动机的功率因数（通常为 0.75）；

$I_{CN}$——变频器的额定电流（A）；

$I_M$——电动机的电流（A），是工频电源时的电流；

$U_M$——电动机的电压（V）。

还可以用估算法，通常取变频器的额定输出电流 $I_{CN} \geq (1.05 ~ 1.1)$ 倍的电动机额定电流 $I_N$（铭牌值）或电动机实际运行中的最大电流 $I_{max}$，即

$$I_{CN} \geq (1.05 ~ 1.1) I_N$$

或

$$I_{CN} \geq (1.05 ~ 1.1) I_{max}$$

若按电动机实际运行中的最大电流来选择变频器，则变频器的容量可以适当缩小。

**2. 加减速运行时变频器容量的选择**

变频器的最大输出转矩是由变频器的最大输出电流决定的。一般情况下，对于短时间的加、减速而言，变频器最大输出电流允许达到额定输出电流的 130% ~ 150%（视变频器容量的不同而有区别）。这一参数通常在各型号变频器产品参数表的过载容量或过载能力表中给出。因此，短时间加、减速时的输出转矩也可以增大。反之，若只需要较小的加、减速转矩，则也可以降低变频器的容量。由于电流的脉动原因，此时应将要求的变频器过载电流提

高 10% 后再进行选定，即将变频器容量提高一级。

**3. 频繁加、减速运转时变频器容量的选择**

如果电动机频繁加、减速运行时的特性曲线如图 3-7 所示，那么变频器容量可根据加速、恒速、减速等各种运行状态下的电流值，按下式进行选定

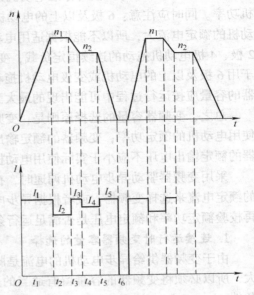

$$I_{CN} = k_0 \frac{I_1 t_1 + I_2 t_2 + \cdots + I_n t_n}{t_1 + t_2 + \cdots + t_n}$$

式中　$I_{CN}$——变频器额定输出电流（A）；

　　　$k_0$——安全系数（运行频繁时，$k_0 = 1.2$，其他时间 $k_0 = 1.1$）；

$I_1$、$I_2$、$I_3 \cdots I_n$——各运行状态下的平均电流（A）。

**4. 电动机电流变化不规则的场合所需变频器容量的选择**

在电动机工作过程中，如果电流变化不规则，那么此时不易获得运行特性曲线，这时可以根据将电动机在输出最大转矩时的电流限制在变频器额定输出电流内的原则，来选择变频器容量。

图 3-7　电动机频繁加、减速运转时的特性曲线

**5. 电动机直接起动时变频器容量的选择**

通常三相异步电动机直接用工频起动时，起动电流为其额定电流的 4～7 倍。当功率小于 10kW 的电动机直接起动时，变频器的额定输出电流为

$$I_{CN} \geqslant \frac{I_K}{K_g}$$

式中　$I_{CN}$——变频器额定输出电流（A）；

　　　$I_K$——在额定电压、额定频率下电动机起动时的堵转电流（A）；

　　　$K_g$——变频器的允许过载倍数，$K_g = 1.3 \sim 1.5$。

**6. 大惯性负载起动时变频器容量的选择**

根据负载的种类和特性不同，不少场合往往需要过载容量大的变频器。但是通用变频器的过载能力通常为 125%/min 或 150%/min，当过载能力超过此值时，必须增大变频器的容量。例如，对于过载能力为 150%/min 的变频器要求过载容量，在这类情况下，一般变频器容量

$$P_{CN} \geqslant \frac{k n_M}{9\,550 \eta \cos\phi} \left( T_L + \frac{GD^2}{375} \cdot \frac{n_M}{t_A} \right)$$

式中　$P_{CN}$——变频器容量（kV·A）；

　　　$n_M$——电动机额定转速（r/min）；

　　　$k$——电流波形的修正系数（PWM 方式时取 $1.05 \sim 1.1$）；

　　　$\eta$——电动机效率（通常约为 0.85）；

　　　$\cos\phi$——电动机功率因数（通常约为 0.75）；

　　　$T_L$——负载转矩（N·m）；

$GD^2$——换算到电动机轴上的总飞轮转矩（N·m）；

$t_A$——电动机加速时间（s）。

**7. 一台变频器拖动多台电动机并联运行时变频器容量的选择**

当一台变频器拖动多台电动机并联运行时，必须考虑以下几点：

1）根据各电动机的电流总和来选择变频器。

2）在整定软起动、软停止时，一定要按起动最慢的那台电动机进行整定。

当变频器短时过载能力为 150%/min 时，若电动机加速时间在 1min 以内，则有

$$1.5\,P_{CN} \geq \frac{kP_M}{\eta\cos\phi}\left[\,n_T + n_S(K_S-1)\,\right] = P_{CN1}\left[1 + \frac{n_S}{n_T}(K_S-1)\right]$$

即

$$P_{CN} \geq \frac{2}{3}\,\frac{kP_M}{\eta\cos\phi}\left[\,n_T + n_S(K_S-1)\,\right] = \frac{2}{3}P_{CN1}\left[1 + \frac{n_S}{n_T}(K_S-1)\right]$$

$$I_{CN} \geq \frac{2}{3}n_T I_M\left[1 + \frac{n_S}{n_T}(K_S-1)\right]$$

当电动机加速时间在 1min 以上时，则有

$$P_{CN} \geq \frac{kP_M}{\eta\cos\phi}(n_T + n_S(K_S-1)) = P_{CN1}\left[1 + \frac{n_S}{n_T}(K_S-1)\right]$$

$$I_{CN} \geq n_T I_M\left[1 + \frac{n_S}{n_T}(K_S-1)\right]$$

式中  $P_{CN}$——变频器容量（kV·A）；

$P_M$——负载所要求的电动机轴输出功率（kW）；

$k$——电流波形的修正系数（PWM 方式取 1.05～1.1）；

$\eta$——电动机效率（通常约为 0.85）；

$\cos\phi$——电动机功率因数（通常约为 0.75）；

$n_T$——并联电动机的台数；

$n_S$——电动机同时起动的台数；

$K_S$——电动机起动电流与电动机额定电流的比值；

$P_{CN1}$——变频器连续容量（kV·A），$P_{CN1} = kP_M n_T/\eta\cos\phi$；

$I_M$——电动机额定电流（A）；

$I_{CN}$——变频器额定电流（A）。

当变频器驱动多台电动机，但是其中有一台电动机可能随机挂接到变频器或随时退出运行时，变频器的额定输出电流为

$$I_{CN1} \geq k\sum_{i=1}^{J} I_{Mi} + 0.9I_{MQ}$$

式中  $I_{CN1}$——变频器额定输出电流（A）；

$k$——安全系数，一般取 1.05～1.1；

$J$——余下的电动机台数；

$I_{Mi}$——电动机额定输入电流（A）；

$I_{MQ}$——最大一台电动机的起动电流（A）。

**8. 多台电动机并联起动且部分直接起动时变频器容量的选择**

当多台电动机并联起动且部分直接起动时，所有电动机由变频器供电，且同时起动，但

是一部分功率较小的电动机（一般指功率小于 7.5kW 的电动机）直接起动，功率较大的则使用变频器功能实现软起动。此时，变频器的额定输出电流为

$$I_{CN} \geq \left[ N_2 I_k + (N_1 - N_2) I_N \right] / K_g$$

式中　$I_{CN}$——变频器额定输出电流（A）；

　　　$N_1$——电动机总台数；

　　　$N_2$——直接起动的电动机台数；

　　　$I_k$——电动机直接起动时的堵转电流（A）；

　　　$I_N$——电动机额定电流（A）；

　　　$K_g$——变频器允许过载倍数（1.3～1.5）。

**9. 并联运行中追加投入起动时变频器容量的选择**

当用一台变频器带动多台电动机并联运转时，如果所有电动机同时起动并且加速，可以按照上述第七种情况进行变频器容量的选择。但是在一部分电动机已经起动后再追加投入其他电动机直接起动的情况下，此时变频器的电压、频率已经上升，追加投入的电动机将产生较大的起动电流。所以，变频器容量与同时起动时相比，可能更大一些，此时变频器额定输出电流为

$$I_{CN} \geq \sum_{i=1}^{N_1} k I_{Hi} + \sum_{i=1}^{N_2} k I_{Si}$$

式中　$I_{CN}$——变频器额定输出电流（A）；

　　　$N_1$——先起动的电动机台数；

　　　$N_2$——追加投入起动的电动机台数；

　　　$I_{Hi}$——先起动的电动机的额定电流（A）；

　　　$I_{Si}$——追加投入电动机的起动电流（A）；

　　　$k$——修正系数，一般取 1.05～1.10。

**10. 与离心泵配合使用时变频器容量的选择**

当变频器控制离心泵的运行时，变频器的容量为

$$P_{CN} = K_1 (P_1 - K_2 Q \Delta p)$$

式中　$P_{CN}$——变频器计算容量（kV·A）；

　　　$K_1$——考虑电动机和泵调速后，效率变化系数，一般取 1.1～1.2；

　　　$P_1$——节流运行时电动机的实测功率（kW）；

　　　$K_2$——换算系数，一般取 0.278；

　　　$Q$——泵的实测流量（m³/h）；

　　　$\Delta p$——泵出口压力与干线压力之差（MPa）。

或者

$$P_{CN} = K_1 P_1 (1 - \Delta p / p)$$

式中　$P_{CN}$——变频器计算容量（kV·A）；

　　　$K_1$——考虑电动机和泵调速后，效率变化系数，一般取 1.1～1.2；

　　　$P_1$——节流运行时电动机的实测功率（kW）；

　　　$\Delta p$——泵出口压力与干线压力之差（MPa）；

　　　$p$——泵出口压力（MPa）。

计算出变频器容量后，若计算结果在变频器两容量之间，则应选择大一级的容量值，以确保变频器的安全运行。

**11. 轻载电动机时变频器容量的选择**

电动机的实际运行功率比电动机的额定输出功率小时，可选择与实际运行功率相称的变频器容量。但是对于通用变频器，即使实际运行功率小，如果选择的变频器容量比按电动机额定功率选择的变频器容量小，那么其效果也不理想。理由如下：

1）电动机在空载时也流过大小为额定电流30%～50%的励磁电流。

2）起动时流过的起动电流与电动机施加的电压、频率相对应，而与负载转矩无关。如果变频器容量小，以致此电流值超过过电流值，那么电动机往往不能起动。

3）若电动机功率大，则以变频器容量为基准的电动机漏抗百分比变小，变频器输出电流的脉动增大，因此过电流保护容易动作，电动机往往不能运转。

**四、选择变频器时的注意事项**

**1. 起动转矩与低速区转矩**

电动机使用通用变频器起动时，其起动电流与用工频电源起动时相比较，多数变小，根据负载的起动转矩特性，有时则不能起动。另外，在低速运转区的转矩通常比额定转矩小，当用选定的变频器和电动机不能满足负载所要求的起动转矩和低速转矩时，变频器容量和电动机功率还需要再加大。例如，在某一速度下，需要最初选定变频器和电动机额定转矩的70%时，如果从输出转矩特性曲线得知只能得到50%的额定转矩，那么变频器容量和电动机的功率要重新选择，应为最初选定容量或功率的1.4（70/50）倍以上。

**2. 变频器的输出电压**

变频器的输出电压可按电动机额定电压选定。电动机额定电压可分成220V系列和400V系列两种。如果3kV的高电压电动机使用400V级的变频器，那么可在变频器的输入侧装设输入变压器，在变频器的输出侧装设输出变压器，将3kV降为400V后供给变频器使用，再将变频器输出电压升高到3kV供给电动机使用。

电网电压处于不正常状态时，将有害于变频器。电压过高（如380V的线电压上升到450V）时，会造成变频器损坏，因此对于电网电压超过使用手册规定范围的场合，要使用变压器调整，以确保变频器的安全。

**3. 变频器的输出频率**

变频器的最高输出频率根据变频器种类的不同而有很大的不同，有50Hz/60Hz、120Hz、240Hz或更高的输出频率。输出频率为50Hz/60Hz的变频器通常在额定速度以下范围进行调速，大容量的通用变频器大多数为这类。最高输出频率超过工频的变频器多为小容量变频器，频率范围在50Hz/60Hz以上区域，由于其输出电压不变，所以为恒功率特性。要注意变频器在高速区转矩的减小，但是车床等机床的电动机可以根据工件的直径和材料改变转速，在恒功率的范围内使用，在轻载时采用高转速可以提高生产率，但是要注意不要超过电动机和负载的允许最高转速。

综合以上各点，可根据变频器的使用目的确定最高输出频率。

**4. 变频器的保护结构**

变频器内部会产生大量热量，为提高散热的经济性，除小容量变频器外，其他类型的变频器都采用开启式结构，通过风扇进行强制冷却。设置在室外或恶劣的变频器环境中时，最好安装在独立的板盘上，采用具有冷却热交换装置的全封闭式结构。

小容量的变频器安装在油雾、粉尘多的环境或者棉绒多的纺织厂内时，也可以采用全封闭式结构。

### 5. 从电网到变频器的切换

若要把在工频电网中运转的电动机切换到变频器运转，则必须等待电动机完全停止以后，再切换到变频器侧重新起动，否则，会产生过大的冲击电流和冲击转矩，导致供电系统跳闸或损坏设备。但是，有些设备从电网切换到变频器时不允许完全停止。对于这些设备，必须选择备有相应控制装置（为选用件）的变频器，使电动机未完全停止就能切换到变频器侧，即切离电网后，变频器与自由运转的电动机同步后，再输出功率。

### 6. 瞬时停电再起动

当瞬时停电时，变频器停止工作，但是恢复通电后变频器不能马上再开始工作，必须等待电动机完全停止后，再重新起动。这是因为变频器再开机时，若电动机的频率不合适，则会产生过电压或过电流保护动作，造成故障而停止。但是对于生产流水线等，有时会因瞬间停电而使变频器控制的电动机停止工作，影响正常生产。这种情况下必须选择安装有在电动机瞬间停电时能够自行开始工作的控制装置的变频器。所以选择变频器时，应当确认其具有相应的控制装置，以使变频器实现瞬停再起动功能（在自由运转中瞬时停电后再起动，中间不必停转）。

### 7. 选择变频器容量时的注意事项

1）变频器容量与电动机功率相当时最合适，这样有利于变频器高效率运转。

2）在变频器的功率分级与电动机功率分级不相同时，变频器的容量要尽可能接近电动机的功率，但应略大于电动机的功率。

3）当电动机处于频繁起动、制动工作或处于重载起动且较频繁工作时，可选取大一级的变频器，以利于变频器长期、安全地运行。

4）经测试，当电动机实际功率确实有富余时，可以考虑选用容量小于电动机功率的变频器，但要注意瞬时峰值电流是否会造成过电流保护动作。

5）当变频器容量与电动机功率不相同时，则必须相应调整节能程序的设置，以达到较高的节能效果。

6）变频器的额定容量及参数是针对一定海拔和环境温度标出的，一般指海拔在1000m以下，温度在40℃或25℃以下。若使用的环境温度超出该规定，则在根据变频器参数确定型号前要考虑由此造成的降容因素。当环境温度长期较高，且变频器安装在通风冷却不良的机柜内时，会使变频器寿命缩短。电子器件特别是电解电容等器件的温度在高于额定温度后，每升高10℃，变频器寿命会下降一半，因此环境温度应保持较低，除设置完善的通风冷却系统以保证变频器正常运行外，在选用上应增大一个容量等级。高海拔地区空气密度降低，散热器不能达到额定散热器效果，一般在1 000m以上，每增加100m 变频器容量下降10%，所以必要时可加大变频器容量等级，以免变频器过热。

7）当电动机有瞬停再起动要求时，要确认所选变频器具有此项功能。因为在变频器因停电而停止运行后，当瞬间突然来电再起动时，若电动机的频率不合适，则会引起过电压或过电流动作，造成故障停机。

8）当有传感器配合变频器调速控制时，应注意传感器输出的信号类型和信号量大小是否与变频器使用的调速信号相一致。

# 第四节　变频器的外围设备及电动机的选择

## 一、变频器外围设备

变频器的外围设备是用来构成更好的调速系统或节能系统的。选用外围设备通常是为了提高系统的安全性和可靠性，提高变频器的某种性能，增加对变频器和电动机的保护，减少变频器对其他设备的不利影响。

变频器的外围设备主要有输入变压器、断路器、交流接触器、电抗器、滤波器、制动电阻等。

### 1. 输入变压器

电源输入变压器用于将高压电变换到通用变频器所需的电压等级，如 220V 或者 400V等。由于变频器的输入电流含有一定量的高次谐波，会使电源侧的功率因数降低，同时考虑到变压器的运行效率，所以变压器的容量为

$$变压器的容量 = \frac{变压器输出功率}{变频器输入功率因数 \times 变频器效率}$$

其中，变频器输入功率因数在有输入交流电抗器时取 0.8～0.85，在无输入电抗器时取0.6～0.8；变频器效率可取 0.95；变压器输出功率为所接功率。

### 2. 断路器

由于变频器在刚接通电源的瞬间，对电容器的充电电流可高达额定电流的 2～3 倍；变频器的进线电流是脉动电流，其最大值可能超过额定电流；变频器允许的过载能力一般为150%/min；断路器失压保护的额定电压应等于供电线路的额定电压，所以为了避免误动作，断路器的额定电流 $I_{QN}$ 应选为变频器额定电流 $I_N$ 的 1.3～1.4 倍，即 $I_{QN} \geq (1.3 \sim 1.4) I_N$；断路器的额定电压应等于供电电路的额定电压。

### 3. 交流接触器

交流接触器主触头的额定电流、额定电压应大于或者等于变频器的额定电流、额定电压。交流接触器线圈的额定电压应等于控制电路的额定电压。

### 4. 电抗器

选择适当的电抗器与变频器配套使用，不仅可以抑制谐波电流，降低变频器系统所产生的谐波总量，提高变频器的功率因数，而且可以抑制来自电网的浪涌电流对变频器的冲击，保护变频器，降低电动机噪声，保证变频器和电动机的可靠运行。

与变频器配套使用的电抗器共有三种类型：进线电抗器、直流电抗器、输出电抗器。

（1）进线电抗器　进线电抗器连接在电源与变频器之间。其不仅能限制电网电压的突变和操作过电压所引起的冲击电流，有效保护变频器，而且能改善三相电源的不平衡性，提高输入电源的功率因数，抑制变频器输入电网的谐波电流。

建议在以下几种情况下安装交流电抗器：

1）变频器所用之处的电源容量与变频器容量之比为 10∶1 以上。

2) 电源变压器容量为 500kV·A 以上，且变频器安装位置与大容量变压器距离在 10m 以内。

3) 在同一电源上接有晶闸管交流器共同使用，或者进线电源端接有通过开关切换以调整功率因数的电容器装置。

4) 需要改善变频器输入侧的功率因数。

5) 三相电源电压不平衡率 $K \geqslant 3\%$，$K$ 的计算公式为

$$K = \frac{\text{最大相电压} - \text{最小相电压}}{\text{三相平均电压}}$$

(2) 直流电抗器　直流电抗器连接在变频器的整流环节与逆变环节之间。在变频器整流电路后接入直流电抗器，可以有效地改善变频器的功率因数，使其功率因数最高可以提高到 0.95。同时，它还能限制逆变侧短路电流，使逆变系统运行得更加稳定。由于直流电抗器具有以上优点，不少变频器生产厂家已将直流电抗器直接设置在变频器内部，但也有部分变频器内部没有安装直流电抗器，需要根据变频器的容量和电动机的功率选择合适的直流电抗器。此电抗器可与交流电抗器同时使用，一般变频器容量大于 30kV·A 时才考虑配置。

(3) 输出电抗器　输出电抗器又叫输出侧抗干扰滤波器，连接在变频器输出端与电动机之间。其不仅能抑制变频器产生的高频干扰波对电源侧的影响，而且还能抑制变频器的发射干扰和感应干扰，抑制电动机电压的振动，消除电动机的噪声，同时还能补偿连接电动机长导线的电容性充电电流，从而使电动机在引线较长时也能正常工作。

**5. 制动电阻**

在变频器停止和降速时，电动机由于自身的惯性，会处于再生发电制动状态，产生的再生电能回馈给直流回路，消耗在内置制动电阻上，如果减速时间设定的较短，那么会造成直流母线电压升高过快，可能因能量来不及消耗掉而超过电容的耐压或开关元件的允许电压，使变频器损坏。因此，生产厂家为不同规格的变频器配备了外接制动电阻或制动单元。用户在使用变频器时将制动电阻或制动单元连接在直流母线两端，以便在直流母线电压升高到一定值时，通过制动电阻或制动单元消耗掉多余的电能，保护变频器。

对于 7.5kV·A 以下的小容量通用变频器，一般在其制动单元中自身带有制动电阻，能满足制动过程中的能耗要求；对于 7.5kV·A 以上的大容量通用变频器，通常由用户根据负载的性质和大小、负载周期等因素进行计算，选择合适的制动电阻。制动电阻的阻值大小将决定制动电流的大小，制动电阻的功率将影响制动的速度。制动电阻的功率均是按短时工作制进行标定的，选择时应充分考虑各种工况下制动能量的需求，并根据最大制动功率确定制动电阻的阻值。

(1) 制动电阻的估算　再生电流经过三相全波整流后的平均值约等于其最大值，而所需的附加制动转矩（指电动机需要附加的制动转矩）中可以扣除电动机本身的制动转矩（指电动机本身通过热耗散的形式消耗掉的有功损耗，相当于产生了制动转矩，其大小约为电动机额定转矩 $T_{MN}$ 的 20%），并且在计算直流电压（$U_{CD}$）时已经增加了 10% 的裕量，所以可以粗略地认为：如果通过制动电阻的放电电流等于电动机的额定电流，那么所需的附加制动转矩基本可以得到满足。有关资料表明：当放电电流等于电动机额定电流 $I_{MN}$ 的 1/2 时，就可以得到与电动机的额定转矩相等的制动转矩。所以，制动电阻的粗略算法为

$$R_\mathrm{B} = \frac{U_\mathrm{CD}}{2I_\mathrm{MN}} \sim \frac{U_\mathrm{CD}}{I_\mathrm{MN}}$$

在实际应用中，可以根据具体情况适当调整制动电阻的大小。

（2）制动电阻功率的确定

1）制动电阻的耗用功率 $P_\mathrm{BO}$。当制动电阻 $R_\mathrm{B}$ 在直流电压 $U_\mathrm{CD}$ 的电路中工作时，其耗用功率为

$$P_\mathrm{BO} = \frac{U_\mathrm{CD}^2}{R_\mathrm{B}}$$

如果电阻的功率按耗用功率选择，那么该电阻可以长时间接入在电路中工作。

2）制动电阻功率 $P_\mathrm{B}$ 的确定　由于拖动系统的制动时间通常是很短的，在短时间内，电阻的温度不足以达到稳定温升。所以决定制动电阻功率的根本原则是：在电阻的温升不超过其允许值（即额定温升）的前提下，应尽量减小制动电阻的功率。制动电阻功率的计算公式为

$$P_\mathrm{B} = \frac{P_\mathrm{BO}}{\gamma_\mathrm{B}} = \frac{U_\mathrm{CD}^2}{\gamma_\mathrm{B} R_\mathrm{B}}$$

式中　$\gamma_\mathrm{B}$——制动电阻功率的修正系数。

3）修正系数的确定

① 不反复制动。不反复制动是指制动的次数较少，一次制动以后在较长时间内不会再制动，如鼓风机等负载。对于这类负载，修正系数的大小取决于每次制动所需要的时间。

a. 若每次制动时间小于 10s，则可取 $\gamma_\mathrm{B} = 7$。

b. 若每次制动时间超过 100s，则可取 $\gamma_\mathrm{B} = 1$。

c. 若每次制动时间介于二者之间，即 $10\ \mathrm{s} \leqslant t_\mathrm{B} \leqslant 100\mathrm{s}$，则 $\gamma_\mathrm{B}$ 大致上可以按照图 3-8a 所示按比例算出。

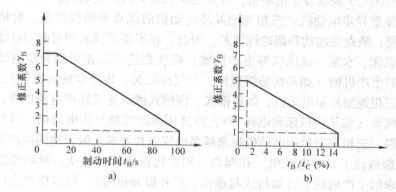

图 3-8　制动电阻功率的修正系数

a）不反复制动　b）反复制动

② 反复制动。在实际生产当中，许多机械是需要反复制动的，如龙门刨床、起重机械等负载。对于这类负载，修正系数的大小取决于每次制动时间 $t_\mathrm{B}$ 与每两次制动之间的时间间隔 $t_\mathrm{C}$ 之比（$t_\mathrm{B}/t_\mathrm{C}$）。此比值通常称为制动占空比。在实际工作当中，由于制动占空比常常不是恒定的，所以只能取一个平均值。$\gamma_\mathrm{B}$ 大致按如下方法取值：

a. 当 $t_B/t_C \leqslant 0.01$ 时，则可取 $\gamma_B = 5$。

b. 当 $t_B/t_C \geqslant 0.15$ 时，则修正系数可取 $\gamma_B = 1$。

c. 当 $0.01 < t_B/t_C < 0.15$ 时，则 $\gamma_B$ 大致上可以按照图 3-8b 所示按比例算出。

## 6. 滤波器

变频器在工作中自身会产生高次谐波干扰信号，利用滤波器可以抑制高次谐波干扰信号的传播，使高次谐波干扰信号对电源、电动机及附近的通信设备的影响降至最低。在使用滤波器时，建议选用变频器专用抗干扰滤波器。

## 二、电动机的选择

选择电动机的基本原则如下：

第一，电动机能够完全满足生产机械在机械特性方面的要求，如工作速度、调速指标、加速度起动和制动时间等。

第二，电动机在工作过程中，其功率能被充分利用，即温升应达到规定的数值。

第三，电动机的结构应适应周围环境的条件，如能够防止外界灰尘、水滴等物质进入电动机内部；防止绕组绝缘受到有害气体的侵蚀；在有爆炸危险的环境中应把电动机的导电部位和有火花的部位封闭起来，不使它们影响外部等。

遵循以上基本原则，不仅要根据用途和使用状况合理选择电动机结构、安装方式和连接方式，还要根据温升情况和使用环境选择合适的通风方式和防护等级等，而且更重要的是根据驱动负载所需功率选择电动机的功率，同时，还需考虑变频器性能对电动机输出功率的影响。其中，最主要的是电动机额定功率的选择。

### 1. 电动机类型的选择

选择电动机种类时，在考虑电动机性能必须满足生产机械要求的前提下，应优先选用结构简单、价格便宜、运行可靠、维修方便的电动机。在这方面，交流电动机优于直流电动机，笼型电动机优先于绕线转子电动机，异步电动机优于同步电动机。

（1）三相笼型异步电动机　三相笼型异步电动机的优点是结构简单、价格便宜、运行可靠、维修方便；缺点是起动和调速性能差。因此，在不要求调速和对起动性能要求不高的场合（如各种机床、水泵、通风机等生产机械）应优先选用三相笼型异步电动机；对于要求大起动转矩的生产机械（如某些纺织机械、空气压缩机、传送带输送机等），可选用具有高起动转矩的三相笼型异步电动机，如斜槽式、深槽式或双笼式异步电动机等；对于需要有级调速的生产机械（如某些机床和电梯等），可选用多速笼型异步电动机。目前，随着变频调速技术的发展，三相笼型异步电动机越来越多地应用在要求无级调速的生产机械上。

（2）三相绕线转子异步电动机　在起动、制动比较频繁，起动、制动转矩较大，而且有一定调速要求的生产机械上（如桥式起重机、矿井提升机等），可以优先选用三相绕线转子异步电动机。绕线转子异步电动机一般采用转子串联电阻（或电抗器）的方法实现起动和调速，调速范围有限，而使用晶闸管串级调速，则扩展了绕线转子异步电动机的应用范围，如水泵、风机的节能调速。

（3）三相同步电动机　在要求大功率、恒转速和改善功率因数的场合（如大功率水泵、压缩机、通风机等生产机械），应选用三相同步电动机。

（4）直流电动机　由于直流电动机的起动性能好，可以实现无级平滑调速，且调速范围广、精度高，所以对于要求在大范围内平滑调速和需要准确位置控制的生产机械（如高精度的数控机床、龙门刨床、可逆轧钢机、造纸机、矿井卷扬机等），可使用他励或并励直流电动机；对于要求起动转矩大、机械特性较软的生产机械（如电车、重型起重机等），则应选用串励直流电动机。近年来，在大功率的生产机械上，广泛采用晶闸管励磁直流发电机-电动机组或晶闸管-直流电动机组。

**2. 电动机额定功率的选择**

电动机的工作方式有连续工作制（或长期工作制）、短期工作制和周期性断续工作制。下面分别介绍在三种工作方式下电动机额定功率的选择方法。

（1）连续工作制下电动机额定功率的选择　在这种工作方式下，电动机连续工作时间很长，可使其温度达到规定的稳定值，如通风机、泵等机械的拖动运转就属于这类工作制。连续工作制电动机的负载可分为恒定负载和变化负载两类。

1）恒定负载下电动机额定功率的选择。在工业生产中，相当多的生产机械是在长期恒定的或变化很小的负载下运转的。为这一类机械选择电动机的额定功率比较简单，只要电动机的额定功率等于或略大于生产机械所需要的功率即可。若负载功率为 $P_L$，电动机的额定功率为 $P_N$，则应满足 $P_N \geq P_L$。

电动机制造厂生产的电动机，一般都是按照恒定负载连续运转设计的，并进行形式试验和出厂试验，完全可以保证电动机在额定功率下工作时的温升不会超过允许值。

通常电动机的额定功率是按周围环境温度为 40℃ 而设定的。绝缘材料最高允许温度与 40℃ 的差值称为允许温升。

应当指出的是，我国地域之间温差较大，就是在同一地区，一年四季的气温变化也较大，因此电动机运行时周围环境的温度不可能正好是 40℃，一般是小于 40℃。为了充分利用电动机，可以对电动机能够拥有的功率进行修正。

2）变化负载下电动机额定功率的选择。在变化负载下使用的电动机，一般是为恒定负载工作而设计的。因此，这种电动机在变化负载下使用时，必须进行发热校验。所谓发热校验，就是看电动机在整个运行过程中所达到的最高温升是否接近并低于允许温升，因为只有这样，电动机的绝缘材料才能被充分利用而又不致过热。某周期性变化负载的生产机械负载记录如图 3-9 所示。当电动机拖动这一机械工作时，因为输出功率周期性改变，所以其温升也必然做周期性的波动。在工作周期不大的情况下，此波动的过程也不大。此波动的最大值将低于相应最小负载的温升。在这种情况下，若按最大负载的稳定温升选择电动机额定功率，则电动机将会有超过允许温升的危险。因此，电动机额定功率可以在最大负载和最小负载之间适当选择，以使电动机既得到充分利用，又不致过载。

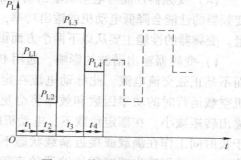

图 3-9　某周期性变化负载的
生产机械负载记录图

在变化负载下长期运转的电动机额定功率可按以下步骤进行选择：

第一步，计算并绘制如图 3-9 所示的生产机械负载记录图。

第二步，求出负载的平均功率 $P_{Lj}$，计算公式为

$$P_{Lj} = \frac{P_{L_1 t_1} + P_{L_2 t_2} + \cdots + P_{L_n t_n}}{t_1 + t_2 + \cdots + t_n} = \frac{\sum\limits_{i=1}^{n} P_{L_i t_i}}{\sum\limits_{i=1}^{n} t_i}$$

式中　　$P_{L_1}$、$P_{L_2}$、$\cdots$、$P_{L_n}$——各段负载的功率；

　　　　　$t_1$、$t_2$、$\cdots$、$t_n$——各段负载工作所用时间。

第三步，按 $P_N \geqslant (1.1 \sim 1.6) P_{Lj}$ 预选电动机。如果在工作过程中负载所占的比例较大，则系数应选得大一些。

第四步，对预选电动机进行发热、过载能力及起动能力校验，合格后即可使用。

（2）短期工作制下电动机额定功率的选择　　在这种工作方式下，电动机的工作时间较短，在运行期间温度未升到规定的稳定值，而在停止运转期间，温度则可能降到周围环境的温度值，如吊桥、水闸、车床夹紧装置的拖动运转。

为了满足某些生产机械的短期工作需要，电动机生产厂家专门制造了一些具有较大过载能力的短期工作制电动机，其标准工作时间有 15min，30min，60min，90min 四种。因此，若电动机的实际工作时间符合标准工作时间，则在选择电动机的额定功率 $P_N$ 时，只要 $P_N$ 大于或等于负载功率 $P_L$ 即可，即满足 $P_N \geqslant P_L$。

（3）周期性断续工作制下电动机额定功率的选择　　这种工作方式的电动机，工作与停止交替进行。在工作期间内，温度未升到稳定值，而在停止期间，温度也来不及降到周围温度值，如很多超重设备以及某些金属切削机床的拖动运转即属此类。

电动机制造厂专门设计生产的周期性断续工作制的交流电动机有 YZR 和 YZ 两种系列。标准负载持续率 FC（负载工作时间与整个周期之比称为负载持续率）有 15%、25%、40% 和 60% 四种，一个周期的时间规定大于或等于 10min。

周期性断续工作制电动机额定功率的选择方法和连续工作制变化负载下额定功率的选择相类似，在此不再叙述。但需要指出的是，当负载持续率 FC≤10% 时，应按短期工作制选择；当负载持续率 FC≥70% 时，可按长期工作制选择。

（4）变频器性能对电动机输出功率的影响　　通用的标准电动机用于变频调速时，由于变频器的性能会降低电动机的输出功率，所以最后还需要适当增大电动机的额定功率留做余量。变频器的性能主要从以下两个方面影响电动机的输出功率。

1）变频器输出谐波的影响。通用 PWM 型变频器供给异步电动机的电流是脉动电流，而不是正弦交流电流。此脉动电流在定子绕组中不可避免地会产生高次谐波，因此电动机空载运行时的功率因数和效率将会更低，负载运行时的铁损也会有所增加，从而导致输出转矩减小。在额定负载下，电动机的电流会增加约 8%，温升会增高 20% 左右。这对于长时间工作在满载或接近满载状态下的电动机而言是不可忽视的问题，可从两方面解决：一是选用输出端配置滤波器的变频器，以减小变频器输出谐波的影响；二是适当加大电动机额定功率，可考虑增大电动机额定功率的 5%，以防温升过高，影响电动机的使用寿命。

2）电动机最高转速超过额定转速的影响。目前变频器的频率变化范围一般是 0 ~ 120Hz，而我国的标准异步电动机额定工作频率为 50Hz。当负载要求的最高转速超过同步转速不多时，可适当增大电动机的额定功率或选择服务系数大于 1.0 的电动机，以增加电动机输出功率,保证超额转速下的输出转矩。但由于电动机轴承机械强度和发热等因素的限制,电动机最高转速不能大于同步转速的 5% ~ 10%。

(5) 确定所选通用标准电动机的额定功率　以初步预选的电动机功率为基础,再综合考虑变频器性能对电动机输出功率的影响,最后确定所选通用标准电动机的额定功率。

### 3. 电动机额定电压的选择

电动机额定电压与现场供电电源电压等级应相符,否则,若选择电动机的额定电压低于供电电源电压,则电动机将由于电流过大而被烧毁;若选择的额定电压高于供电电源电压,则电动机有可能因电压过低而不能起动,或虽然能起动,但是因电流过大而减小其使用寿命甚至将其烧毁。

中、小型交流电动机的额定电压一般为 380V,大型交流电动机的额定电压一般为 3kV、6kV 等。直流电动机的额定电压一般为 110V、220V、440V 等,最常用的直流电压等级为 220V。直流电动机一般由车间交流供电电压经整流器整流后的直流电压供电。选择电动机的额定电压时,要与供电电源的交流电压及不同形式的整流电路相配合。当交流电压为 380V 时,若采用晶闸管整流装置直接供电,则电动机的额定电压应选用 440V(配合三相桥式整流电路)或 160V(配合单相整流电路),电动机应采用改进的 Z3 型。

### 4. 电动机额定转速的选择

电动机额定转速选择得合理与否,将直接影响电动机的价格、能量损耗及生产机械的生产率等各项技术指标和经济指标。额定功率相同的电动机,转速越高的尺寸越小,占地面积也越少,因而其体积小、质量轻、价格低。所以,选用高额定转速的电动机比较经济,但由于生产机械的工作转速一定且较低(为 30 ~ 900r/min),因此,电动机转速越高,传动机构的传动比就越大,传动机构也就越复杂。所以,选择电动机的额定转速时,必须全面考虑,在电动机性能满足生产机械要求的前提下,力求电能损耗少,设备投资少,维护费用少。通常,电动机的额定转速选在 750 ~ 1 500r/min 比较合适。

### 5. 电动机形式的选择

电动机按其安装方式不同可分为卧式和立式两种。由于立式电动机的价格较贵,所以一般情况下应选用卧式电动机。只有当需要简化传动装置(如深井水泵和钻床等)时,才使用立式电动机。

电动机按轴伸个数不同分为单轴和双轴两种。一般情况下选用单轴伸电动机,特殊情况下才选用双轴伸电动机。若需要一边安装测速发电机,一边需要拖动生产机械时,则必须选用双轴伸电动机。

电动机按防护形式不同分为开启式、防护式、封闭式和防爆式四种。为防止周围的媒介对电动机的损坏以及因电动机本身故障而引起的危害,电动机必须根据不同环境选择适当的防护形式。开启式电动机价格便宜,散热好,但灰尘、铁屑、水滴及油垢等容易进入其内部,影响电动机的正常工作和寿命,因此只能在干燥、清洁的环境中使用。防护式电动机的通风孔在机壳的下部,通风条件较好,能防止水滴、铁屑等杂物落入电动机内部,但不能防止潮气和灰尘侵入,因此只能用于比较干燥、灰尘不多、无腐蚀性气体和爆炸性气体的环境。封闭式电动机分为自扇冷式、他扇冷式和密闭式三种。前两种用于潮湿、尘土多、有腐蚀性气体、易引起火灾和易受风雨侵蚀的环境中，如纺织厂、水泥厂等；密闭式电动机则用于浸入水中的机械，如潜水泵电动机。防爆式电动机在易燃、易爆气体的危险环境中使用，如液化气站、油库及矿井等场所。

综合以上分析可见，选择电动机时，应从额定功率、额定电压、额定转速、电动机种类和形式等几方面综合考虑，做到既经济又合理。

# 第四章 变频器在典型控制系统中的应用

## 第一节 恒压供水变频控制系统

随着现代城市开发的不断深入，传统的供水系统越来越无法满足用户的供水需求。恒压供水变频控制系统是现代建筑中普遍采用的一种供水系统。恒压供水变频控制系统的节能、安全、高质量的特点使其被越来越广泛地应用于工厂、住宅、高层建筑的生活及消防供水系统。恒压供水是指用户端在任何时候，无论用水量是大还是小，都能保持网管中水压的基本恒定。恒压供水变频控制系统利用 PLC、传感器、变频器及水泵机组组成闭环控制系统，使管网压力保持恒定，代替了传统的水塔供水控制方案，具有自动化程度高、高效节能的优点，在小区供水和工厂供水控制中得到了广泛应用，并取得了明显的经济效益。

### 一、恒压供水原理

为了保持网管中水压的基本恒定，通常采用具有 PID 调节功能的控制器，根据给定的压力信号和反馈的压力信号，控制变频器调节水泵的转速，实现网管恒压的目的。恒压供水变频控制系统的工作原理如图 4-1 所示。

恒压供水变频控制系统的工作过程是闭环调节的过程。压力传感器安装在网管上，将网管系统中的水压变换为 4 ~ 20mA 或 0 ~ 10V 的标准电信号，送到 PID 调节器中。PID 调节器将反馈压力信号与给定压力信号相比较，经过 PID 运算处理后，仍以标准信号的形式送到变频器并作为变频器的调速给定信号，也可以将压力传感器的信

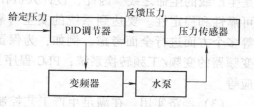

图 4-1 恒压供水变频控制系统的工作原理

号直接送到具有 PID 调节功能的变频器中，进行运算处理，实现输出频率的改变。

### 二、变频控制方式

恒压供水变频控制系统中变频器拖动水泵的控制方式可根据现场的具体情况进行系统设计。为提高水泵的工作效率，节约用电，通常采用一台变频器拖动多台水泵的控制方式。当用户用水量小时，采用一台水泵变频控制的方式。随着用户用水量的不断增加，当第一台水泵的频率达到上限时，使第一台水泵处于工频运行，同时投入第二台水泵进行变频运行。若两台水泵仍不能满足用户用水量的要求，则按同样的原理逐台加入水泵。当用户用水量减少时，将运行的水泵切断，使前一台水泵由工频运行变为变频运行。

### 三、PID 调节方式

#### 1. 变频器 PID 控制

通常变频器的 PID 功能可以直接用来调节变频恒压供水系统的压力。单独采用变频器 PID 控制方式的系统成本降低了很多，但在系统的动态运行过程中，水泵往往会出现速度不稳定的现象，从而对系统构成影响。

#### 2. 单片机 PID 控制

单片机 PID 控制的可靠性、工作稳定性、寿命的持久性均比不上使用 PLC 进行 PID 控制，并且单片机 PID 控制程序固定，无法更新。

#### 3. 使用 PLC 进行 PID 控制

PLC 具有多种数学运算功能，适用性强，控制程序改进方便，计算速度快，各种智能模块、输入/输出模块齐全，易于扩展。

### 四、PLC + 变频器变频调速系统的设计

在工业自动化技术不断发展的今天，变频调速系统在各行业的应用越来越广泛，由 PLC 和变频器组成的变频调速控制系统也逐渐发挥出巨大的作用。根据不同对象的控制要求进行变频调速系统的设计尤为重要。

#### 1. PLC + 变频器变频调速系统的设计原则

不同的设计者有着不同的设计方案，但他们的总体设计原则是相同的。PLC 设计的基本原则是：根据设计任务，在满足生产工艺控制要求的前提下，达到安全可靠、经济实用、操作简单、维护方便、适应发展的目的。

(1) 满足要求　最大限度地满足被控对象的要求是 PLC 设计中最重要的原则。为明确控制要求，设计人员在设计前应深入现场进行调查研究，收集现场资料，与工程管理人员、机械部分设计人员、现场操作人员密切配合，共同拟定设计方案。

(2) 安全可靠　电气控制系统的安全性、可靠性关系到生产系统的产品数量和质量，是生产线的生命之线。因此，设计人员在设计时应充分考虑控制系统长期运行的安全性、可靠性和稳定性。要达到系统的安全可靠性，应从系统方案设计、器件选择、软件编程等多个方面进行全面考虑。例如，为保证变频器出现故障时系统仍能安全运行，应设置变频器的变频/工频转换系统；PLC 程序只能接受合法操作，对于非法操作，程序不予响应等。

(3) 经济实用　在满足生产工艺控制要求的前提下，一方面要不断地扩大生产效益，另一方面也要注意降低生产成本，使控制系统简单、经济、实用、使用方便、维护容易。例如，控制要求不高的闭环控制系统可以采用变频器 PID 控制等。

(4) 留有余量　随着社会的发展进步，生产工艺控制要求也在不断地提高、更新、完善，生产规模在不断地扩大。因此，在进行控制系统设计时，应考虑今后的发展，在选择 PLC 的输入/输出点模块时，要留有适当的余量。

#### 2. PLC + 变频器变频调速系统的设计步骤

1) 了解生产工艺，根据生产工艺对电动机转速变化的控制要求，分析影响转速变化的因素，确定变频控制系统的控制方案，绘制变频控制系统的原理图。对控制要求不高的生产工艺控制系统，可以采用开环调速系统。对控制要求高的生产工艺控制系统，可以采用闭环调速系统。

2）了解生产工艺控制的操作过程，进行 PLC 设计。PLC 主要进行现场信号的采集，根据生产工艺操作要求对变频器、接触器等进行控制。PLC 对变频器的控制方式有开关量控制、模拟量控制和通信方式控制三种。

3）根据负载和工艺控制要求，进行变频器的设计。变频器主要是对异步电动机进行变频调速控制。变频器的设计直接影响控制系统的性能。

**3. PLC 的设计**

（1）PLC 控制的类型　PLC 控制有单机控制、集中控制、远程 I/O 控制和分布式控制四种类型。

1）PLC 单机控制。PLC 单机控制是指一台 PLC 控制一台设备或一条简易生产线。PLC 单机系统结构简单，I/O 点数少，存储容量小。

2）集中控制。集中控制是指一台 PLC 控制多台设备或几条简易生产线。采用这种控制方式的几台设备之间的动作有一定的联系。

3）远程 I/O 控制。远程 I/O 控制的部分 I/O 系统远离 PLC 主机，PLC 与 I/O 接口通过同轴电缆进行信息传递。不同型号的 PLC 所能驱动的电缆长度、远程 I/O 接口数量不同，选择 PLC 时应重点考虑。

4）分布式控制。分布式控制是指多个被控制对象分别由一台 PLC 控制，这些 PLC 再由上位机通过数据总线进行通信。分布式控制的各个系统之间距离较远，当某个被控对象出现故障时，不会影响其他 PLC。

（2）PLC 控制的设计步骤

1）选择机型。目前，PLC 的生产厂家有很多，PLC 的品种也已经达到了数百种，并且各自的特点和价格也有所不同。对于机型的选择，可以从以下几个方面考虑：

① 通信功能。对于单机控制的小型系统，由于控制对象是一台设备，因此对通信功能的要求不高。对于分布式控制的大型系统，由于多台 PLC 之间要进行信息交换，因此要具有一定的通信功能。

② I/O 系统。PLC 的输入/输出点数包括数字量输入/输出点数和模拟量输入/输出点数。选择输入/输出点数时要留有 20% ~ 30% 的余量，要既能方便系统功能的扩展，又能避免 PLC 在满负荷下工作。对于远程 I/O，要考虑 PLC 远程 I/O 的驱动能力，即驱动点数和驱动距离。对于一些特殊的控制，可以考虑使用特殊的智能 I/O 模块。

③ CPU 内存。CPU 内存处理器的个数、存储器的容量及可扩展性体现了 PLC 的方便灵活性。同时，PLC 编程元件指令系统的指令个数代表了 PLC 的功能性。

2）硬件设计。PLC 的硬件设计是指 PLC 外部设备的设计。分配 PLC 外部输入/输出地址时，应注意尽量将相同类型的信号和相同电压等级的信号地址安排在一起，以便于施工和布线。另外，输入/输出地址可以是按顺序排列的，也可以是按组排列的。一台 PLC 控制三台电动机按顺序排列的输入/输出地址分配见表 4-1。这种地址分配方式能够减少对输入/输出点的需求，但由于 PLC 的 I/O 模块和电动机不是一一对应的关系，因此不利于检查和维修。一台 PLC 控制三台电动机按组排列的输入/输出地址分配见表 4-2。这种地址分配方式虽然增加了对输入/输出点的需求，但是由于 PLC 的 I/O 模块和电动机是一一对应的关系，因此有利于检查和维修。

表 4-1 一台 PLC 控制三台电动机按顺序排列的输入/输出地址分配

| 模块 | CPU-224 | CPU-224 和 EM223-1 | EM223-1 ~ 2 |
|---|---|---|---|
| 输入点 | I0.0 ~ I1.5 | I2.0 ~ I3.4 | I3.5 ~ I4.2 |
| 输出点 | Q0.0 ~ Q0.5 | Q0.6 ~ Q1.1 | Q2.0 ~ Q2.3 |
| 控制 | 电动机 1 | 电动机 2 | 电动机 3 |

表 4-2 一台 PLC 控制三台电动机按组排列的输入/输出地址分配

| 模块 | CPU-224 | EM223-1 | EM223-2 |
|---|---|---|---|
| 输入点 | I0.0 ~ I1.5 | I2.0 ~ I3.4 | I4.0 ~ I4.6 |
| 输出点 | Q0.0 ~ Q0.5 | Q2.0 ~ Q2.4 | Q4.0 ~ Q4.3 |
| 控制 | 电动机 1 | 电动机 2 | 电动机 3 |

I/O 地址排列结束后，根据排列进行 I/O 地址的分配，I/O 地址分配包括 I/O 地址、设备代号、设备名称及控制功能等，并根据 I/O 地址分配情况进行 PLC 的外部接线图绘制。

3）软件设计。PLC 的程序有两种，即线性程序和分块程序。在线性程序中，控制器中的指令按顺序被处理，当到达程序结尾时，程序处理又从头开始。这种处理方式被称为周期性处理（循环处理）。完成一次程序处理的时间称为循环时间。线性程序结构简单，一目了然，主要用于简单的控制程序。

分块程序是指在复杂的控制中，把程序按其功能分成比较简单的、规模较小的、容易看的功能块，再由主程序调用这些功能块。这样做的优点是：可对单个程序进行测试，将各个单个程序的功能组成在一起，实现总的功能。

**4. PLC 与变频器的连接**

PLC 与变频器的接口部分是 PLC 变频调速控制系统中最重要的硬件部分。根据信号的不同，其接口部分主要有以下几种类型：

（1）开关指令信号的接口　在 PLC + 变频器变频调速控制系统中，PLC 的开关量输出往往作为变频器的输入信号，对电动机进行运行/停止、正转/反转、分段频率运行等控制。PLC 的输出模块有继电器型和晶体管型两种。在使用继电器型输出模块时，常常因为接触不良而带来误动作，因此可采用阻容电路进行连接。在使用晶体管型输出模块时，需考虑晶体管本身的允许电压、电流等因素，从而保证系统的可靠性。

（2）模拟数值信号的输入接口　变频器的模拟输入是通过接线端子由外部给定的，由于变频器和晶体管的允许电压、电流等因素的限制，通常变频器的模拟量输入信号为 0 ~ 5V 或 0 ~ 10V 的电压信号和 0 ~ 20mA 或 4 ~ 20mA 的电流信号。由于输入信号不同接口电路也要分别对应，因此必须根据变频器的输入抗阻选择 PLC 的输出模块。若变频器的输入信号和 PLC 的输出信号是不同范围的电压信号（即变频器的输入信号为 0 ~ 10V，而 PLC 的输出电压信号范围为 0 ~ 5V，或 PLC 的输出信号电压范围为 0 ~ 10V，而变频器的输入电压信号范围为 0 ~ 5V），则可采用串联限流电阻及分压方式，以保证开闭时电压不超过 PLC 和变频器相应的允许电压。此外，在连线时还应该注意将布线分开，保证主电路一侧的信号不传到控制电路中。

（3）RS-485 通信方式　变频器与 PLC 之间通过 RS-485 通信方式实施的方案得到了广泛的应用，其抗干扰能力强、传输速率高、传输距离远且造价低廉。但采用 RS-485 通信方式时必须解决数据编码、成帧、发送数据、接收数据的奇偶校验、超时处理和出错重发等一系列问题，故一个简单的变频器操作功能有时要编写几十条 PLC 梯形图指令才能实现，编程工作量较大。

**5. PLC + 变频器变频调速控制系统的调试**

（1）空机空载运行调试　变频调速系统空机空载（即变频器不带电动机）运行调试最基本，也是最重要的，其调试操作内容如下：

1）把变频器的接地端子接地，并将电源输入端子经过漏电保护开关接到电源上。

2）察看变频器显示窗的出厂显示是否正常，若不正常，则应使变频器复位，否则应要求供应商退换。

3）熟悉变频器的操作键，对这些键按控制要求进行参数设置调试操作。

（2）带电动机空载运行调试

1）将变频器设置为自带键盘操作模式，分别按运行键、停止键，观察电动机能否正常起动和停止。

2）根据控制要求将变频器与 PLC 连接，然后进行调试运行。

3）按照变频器使用说明书对其电子热继电器功能进行设定。

（3）带载调试　变频系统的带载调试，主要是观察电动机带上负载后的工作情况。其调试内容包括：

1）起动试验。使工作频率从 0Hz 开始逐渐增加，观察电动机能否起动以及在多大频率下起动。如果电动机起动困难，那么应设法加大电动机的起动力矩，比如增加 $V/f$ 比。若电动机仍然起动困难，则应考虑增加变频器容量或采用矢量控制方式。

2）升速试验。按照负载要求，将加速时间设定为最小值，并将给定信号调至最大，按起动键，观察起动电流的变化情况以及起动过程是否平稳。如果出现失速现象，为防止超限电流报警信号或起动电流过大而跳闸，那么应在负载允许的范围内适当延长升速时间或改变升速曲线形式。

3）降速试验。将运行频率调至最高工作频率，按停止键，观察系统的停机过程。如果出现失速现象，为防止超限电流报警信号或因过电流、过电压而跳闸，那么应适当延长降速时间或选配再生能耗制动电阻。根据变频器中是否含有再生能耗制动电阻，最短降速时间应因此而有所不同。当输出频率为 0Hz 时，如果拖动系统有爬行现象，那么应设置或加强直流制动。

4）持续运转试验。当负载达到最大时，调节运行频率，使其升至最高频率，观察变频器输出电流的变化情况。如果输出电流时常越过变频器的额定电流，那么应考虑降低最高运行频率或减小负载。

5）电动机发热试验。在满载时，把运行频率调至最低工作频率，按照负载所要求的连续运行时间进行低速连续运行，观察电动机的发热情况。

6）过载试验。按负载可能出现的过载情况及持续运行时间进行试验，观察拖动系统能否继续工作。

### 五、应用实例

#### 1. 控制要求

采用 PLC 和变频器对恒压供水变频控制系统进行控制。恒压供水变频控制系统主电路如图 4-2 所示。

1) 当用水量较小时，$KM_1$ 得电闭合，起动变频器；$KM_2$ 得电闭合，水泵电动机 $M_1$ 投入变频运行。

2) 随着用水量的增加，当变频器的运行频率达到上限值时，$KM_2$ 失电断开，$KM_3$ 得电闭合，水泵电动机 $M_1$ 投入工频运行；$KM_4$ 得电闭合，水泵电动机 $M_2$ 投入变频运行。

3) 在电动机 $M_2$ 变频运行 5s 后，当变频器的运行频率达到上限值时，$KM_4$ 失电断开，$KM_5$ 得电闭合，水泵电动机 $M_2$ 投入工频运行；$KM_6$ 得电闭合，水泵电动机 $M_3$ 投入变频运行，电动机 $M_1$ 继续工频运行。

4) 随着用水量的减小，在电动机 $M_3$ 变频运行时，当变频器的运行频率达到下限值时，$KM_6$ 失电断开，电动机 $M_3$ 停止运行；延时 5s 后，$KM_5$ 失电断开，$KM_4$ 得电闭合，水泵电动机 $M_2$ 投入变频运行，电动机 $M_1$ 继续工频运行。

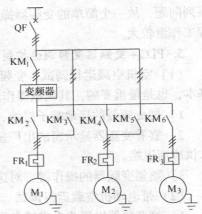

图 4-2　恒压供水变频控制系统主电路

5) 在电动机 $M_2$ 变频运行时，当变频器的运行频率达到下限值时，$KM_4$ 失电断开，电动机 $M_2$ 停止运行；延时 5s 后，$KM_3$ 失电断开，$KM_2$ 得电闭合，水泵电动机 $M_1$ 投入变频运行。

6) 压力传感器将管网的压力变为 4～20mA 的电信号，经模拟量模块输入到 PLC，PLC 根据设定值与检测值进行 PID 运算，输出的控制信号经模拟量模块至变频器，调节水泵电动机的供电电压和频率。

#### 2. 操作步骤

(1) 根据系统控制要求进行 PLC、变频器设计，同时进行系统控制接线

1) PLC 的 I/O 接口分配见表 4-3。

表 4-3　PLC 的 I/O 接口分配

| 输　入 | | | 输　出 | | |
| --- | --- | --- | --- | --- | --- |
| 输入地址 | 元件 | 作用 | 输出地址 | 元件 | 作用 |
| I0.0 | SB | 起动按钮 | Q0.1 | $KM_1$ | 变频器运行 |
| I0.1 | 19、20 端 | 变频器下限频率 | Q0.2 | $KM_2$ | $M_1$ 变频运行 |
| I0.2 | 21、22 端 | 变频器上限频率 | Q0.3 | $KM_3$ | $M_1$ 工频运行 |
| AIW0 | SP | 压力变送器 | Q0.4 | $KM_4$ | $M_2$ 变频运行 |
| — | — | — | Q0.5 | $KM_5$ | $M_2$ 工频运行 |
| | | | Q0.6 | $KM_6$ | $M_3$ 变频运行 |
| | | | AQW0 | 3、4 端 | 压力模拟输出 |

注：西门子 S7-200 PLC。

2）恒压供水变频控制系统 MM440 型变频器的参数设置见表 4-4。

**表 4-4　恒压供水变频控制系统 MM440 型变频器的参数设置**

| 参 数 号 | 设 定 值 | 说　　明 |
|---|---|---|
| P0003 | 3 | 用户访问所有参数 |
| P0100 | 0 | 功率以 kW 为单位，频率为 50Hz |
| P0300 | 1 | 电动机类型选择（异步电动机） |
| P0304 | 380 | 电动机额定电压（单位为 V） |
| P0305 | 3 | 电动机额定电流（单位为 A） |
| P0307 | 11 | 电动机额定功率（单位为 kW） |
| P0309 | 0.94 | 电动机额定效率（单位为%） |
| P0310 | 50 | 电动机额定频率（单位为 Hz） |
| P0311 | 2950 | 电动机额定转速（单位为 r/min） |
| P0700 | 2 | 命令由端子排输入 |
| P0701 | 1 | 端子 DIN1 功能为 ON，接通正转 |
| P0731 | 53.2 | 已达到最低频率 |
| P0732 | 52.A | 已达到最高频率 |
| P1000 | 2 | 频率设定通过外部模拟量给定 |
| P1080 | 10 | 电动机运行的最低频率（单位为 Hz） |
| P1082 | 50 | 电动机运行的最高频率（单位为 Hz） |
| P1120 | 5 | 加速时间（单位为 s） |
| P1121 | 5 | 减速时间（单位为 s） |

3）恒压供水变频控制系统元件的布置如图 4-3 所示。恒压供水变频控制系统控制电路如图 4-4 所示。

（2）系统的安装接线及运行调试

1）首先将主电路和控制电路按图 4-2 和图 4-4 进行连线，应与实际操作中情况相结合。

2）经检查无误后方可通电。

3）在通电后不要急于运行，应先检查各电气设备的连接是否正常，然后进行单一设备的逐个调试。

4）按照系统要求进行 PLC 程序的编写，并将编写好的程序传入 PLC 内，进行模拟运行调试，观察输入点和输出点是否和要求一致。恒压供水变频控制系统 PLC 参考程序如图 4-5 所示。

5）按照系统要求进行变频器参数的设置。

98

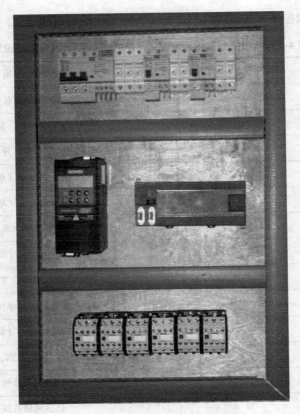

图 4-3　恒压供水变频控制系统元件的布置

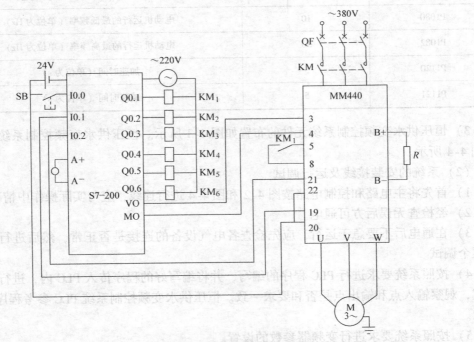

图 4-4　恒压供水变频控制系统控制电路

主程序

**网络 1** 网络标题

```
    SM0.1            M0.1          M0.0
  ──┤ ├──────────────┤/├──────────( )──
    M0.0
  ──┤ ├──
```

**网络 2**

```
    M0.0      I0.0        M0.2          M0.1
  ──┤ ├──────┤ ├──────┬──┤/├────────┬──( )──
    M0.5      T38      │              │   Q0.2
  ──┤ ├──────┤ ├──────┤              ├──( )──
    M0.1               │              │   Q0.1
  ──┤ ├───────────────┘              └──( S )
                                          1
```

**网络 3**

```
    M0.1      I0.2        M0.3     M0.5       M0.2
  ──┤ ├──────┤ ├──────┬──┤/├─────┤/├──────┬──( )──
    M0.4      T37      │                   │   Q0.4
  ──┤ ├──────┤ ├──────┤                   └──( )──
    M0.2               │
  ──┤ ├───────────────┘
                                              T40
                                           ──IN    TON
                                        +50─PT  100 ms
```

**网络 4**

```
    M0.2      T40        I0.2     M0.4       M0.3
  ──┤ ├──────┤ ├──────┬──┤ ├─────┤/├──────┬──( )──
    M0.3               │                   │   Q0.6
  ──┤ ├───────────────┘                   ├──( )──
                                           │   Q0.5
                                           └──( )──
```

**网络 5**

```
    M0.3      I0.1        M0.2       M0.4
  ──┤ ├──────┤ ├──────┬──┤/├──────┬──( )──
    M0.4               │           │
  ──┤ ├───────────────┘           │      T37
                                   └───IN    TON
                                +50─PT  100 ms
```

图 4-5 恒压供水变频控制系统 PLC 参考程序

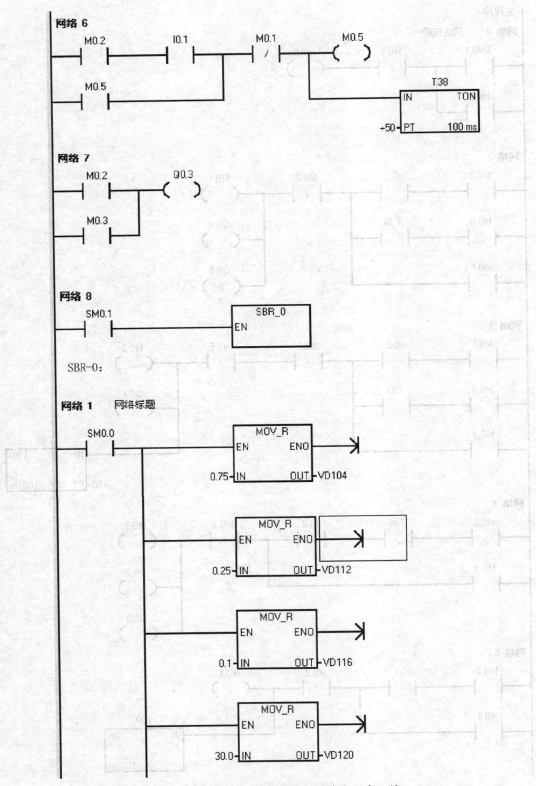

图 4-5　恒压供水变频控制系统 PLC 参考程序（续）

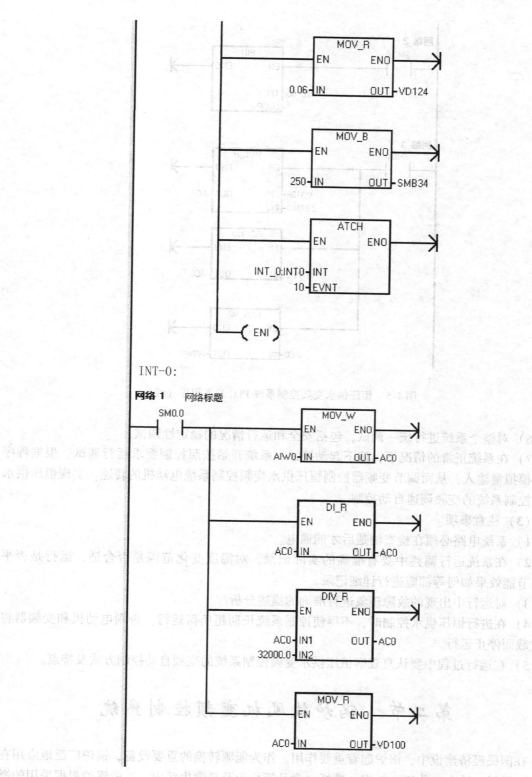

INT-0:

**网络 1**　　网络标题

图 4-5　恒压供水变频控制系统 PLC 参考程序（续）

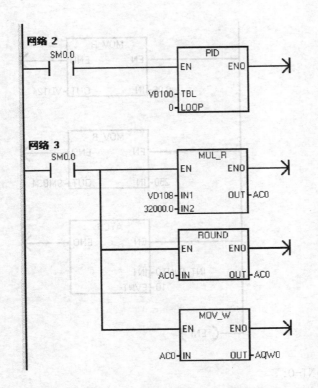

图 4-5　恒压供水变频控制系统 PLC 参考程序（续）

6）对整个系统进行统一调试，包括安全和运行情况的稳定性调试。

7）在系统正常的情况下，按下起动按钮，系统开始按照控制要求运行调试。根据程序调节模拟量输入，从而调节变频器控制恒压供水变频控制系统电动机的转速，实现恒压供水变频控制系统的变频调速自动控制。

（3）注意事项

1）系统电路必须在检查清楚后才能通电。

2）在系统运行调整中要有准确的实际记录，对温度变化范围是否合适、运行是否平稳、节能效果如何等都应进行详细记录。

3）对运行中出现的故障现象进行准确的描述分析。

4）在进行恒压供水控制时，不得使控制系统长期超负荷运行，否则电动机和变频器将因过载而停止运行。

5）在运行过程中要认真观察恒压供水变频控制系统的变频自动控制方式及特点。

# 第二节　锅炉鼓风机变频控制系统

在国民经济建设中，锅炉起着重要作用。作为能源转换的重要设备，锅炉广泛地应用在电力、机械、冶金、化工、纺织、造纸、食品等行业及日常生活中。工业锅炉根据采用的燃料不同，通常分为燃煤锅炉、燃油锅炉和燃气锅炉三种。这三种锅炉的燃烧过程控制系统基本相同，只是燃料量的调节手段有所区别。锅炉燃烧过程的自动控制是一项重要的控制内容。

## 一、锅炉的工作原理

### 1. 锅炉的结构

锅炉是由锅炉本体、燃烧设备、控制系统三部分组成的。锅炉本体吸收燃烧设备放出的热量，将锅炉给水加热成为需要的热水或蒸汽。燃烧设备是由炉膛和烟道组成的系统。燃料与空气混合燃烧后将释放出的热量传递给锅炉本体，而烟气自身的温度逐渐降低，并经除尘器、引风机由烟囱排入大气。

### 2. 锅炉的工作过程

这里以燃煤锅炉为例，简要介绍锅炉的工作过程。上煤机将煤送入炉排，炉排向炉后移动，炉排上的煤进入炉膛后，与鼓风机鼓入的空气混合进行燃烧放热，煤燃尽形成炉渣后进入灰渣斗排出炉外。煤燃烧产生的高温烟气，在引风机的抽吸作用下经过炉膛，不断将热量传递给炉膛，而烟气本身温度逐渐下降，最后经引风机、省煤器、除尘器、烟囱排入大气。在传统的控制方式中，鼓风机和引风机的风量一般采用风门挡板控制，炉排电动机及给粉机采用转差调速。其弊端是调节不及时，操作复杂，不能确保锅炉的最佳运行状态，浪费能源。工业锅炉燃烧过程的变频器调速主要是指通过变频器调节送风机的送风量、引风机的引风量和燃料进给量。

## 二、鼓风机的类型

鼓风机是一种将气体进行压缩并进行传送的机械装置。其按机械特性可分为恒转矩鼓风机和二次方鼓风机。

### 1. 恒转矩鼓风机

恒转矩鼓风机主要是罗茨鼓风机，其工作过程如图 4-6 所示。罗茨鼓风机为定容积式鼓风机，其输送的风量与转数成比例。罗茨鼓风机两个轴上装有两个完全相同并啮合的齿轮，一个轴上装主动轮，另一个轴上装从动轮，当三叶型叶轮转动时，鼓风机两根轴上的叶轮与椭圆形壳体内孔面、叶轮端面、风机前后端盖之间及风机叶轮之间始终保持微小的间隙，在同步齿轮的带动下，风从鼓风机进风口沿壳体内壁输送到排出的一侧。罗茨鼓风机主要应用在气压要求较高的场合，其机械特性为恒转矩特性，如图 4-7 所示。

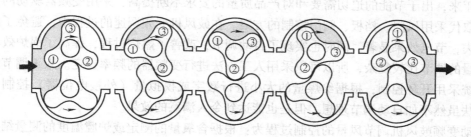

图 4-6 罗茨鼓风机的工作过程

### 2. 二次方鼓风机

在这类鼓风机中，离心式鼓风机的应用最广，特性最为典型。其结构如图 4-8 所示。当电动机转动时，鼓风机的叶轮随其一起转动。叶轮在旋转时产生离心力，将空气从叶轮中甩出，汇集在机壳中，由于速度快、压力高，空气便从通风机出口排出，流入管道。当叶轮中的空气被排出后，吸气口就形成了负压，吸气口外面的空气在大气压作用下又被压入叶轮中。因此，在叶轮连续旋转作用下，鼓风机内不断排出和补入气体，从而达到连续鼓风的目的。离心式鼓风机的机械特性为二次方特性，如图 4-9 所示。

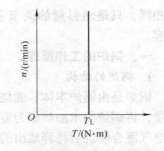

图 4-7　罗茨鼓风机的机械特性

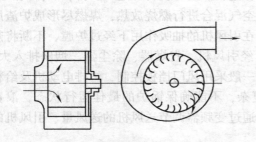

图 4-8　离心式鼓风机的结构

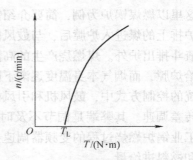

图 4-9　离心式鼓风机的机械特性

### 三、鼓风机的控制

燃料在锅炉中需要一定比例的氧气才能充分燃烧。鼓风机的作用就是将空气送入炉膛，供给燃料燃烧所需的氧气。鼓风机送入炉膛的空气量与燃料量比例必须合适，比例过大或过小都将影响燃料的正常燃烧和锅炉效率。

#### 1. 鼓风机的控制方法

传统的鼓风机控制方式是通过调节风门或挡板开度的大小来调整空气量。在传统的控制方式中，不论生产需求是大还是小，鼓风机都全速运转，随着锅炉运行情况的变化，能量便因风门节流损失而消耗掉了，这样就导致生产成本增加、设备使用寿命缩短、设备维护和维修费用高居不下。

近年来，出于节能的迫切需要和对产品质量的要求不断提高，采用变频器驱动的方案开始逐步取代采用风门、挡板、阀门控制的方案。在鼓风机变频调速的过程中，避免了风门的节流损失，节电效果显著，同时也实现了自动调节，改善了燃烧过程，提高了锅炉效率。由于送风量的调节比较复杂，所以可以采用人工方法进行变频器的频率设定。人工调节的方法是指系统采用开环控制，根据给煤量的大小进行数字或模拟量（外接电位器）控制。人工调节方法虽然不如自动调节理想，但是也能达到令人满意的效果。

自动变频鼓风机调节风量的控制过程为：根据含氧量的测定或炉膛温度的测量结果，将测量信号转变为电压、电流信号，通过 PID 调节器进行测量值与设定值的比较，由变频器控制鼓风机变频调速，确保烟气含氧量稳定在燃料燃烧要求的最佳范围，完成送风量的调节。自动变频鼓风机控制系统既提高了控制精度，又节约了能源（电能和燃料），使鼓风机控制具有一定的合理性。

**2. 变频器的功能设置**

离心式鼓风机在实际应用中最为广泛，当其转速超过额定转速时，阻转矩将大幅增大，容易使电动机和变频器处于过载状态。因此，当离心式鼓风机采用变频器控制时，其上限频率不应超过额定频率。

由于鼓风机的惯性较大，加速时间或减速时间过短，将引起过电流或过电压。因此，变频器的加速时间和减速时间应预置得长一些。变频器的加速方式和减速方式采用半 S 方式较好。

**四、应用实例**

**1. 控制要求**

采用 PLC 和变频器对图 4-10 所示锅炉鼓风机变频控制系统进行控制。

1）控制系统要能在变频和工频两种情况下进行控制。

2）工频/变频转换开关 SA（参见图 4-12）在工频位置时，按下起动按钮 SB$_1$，KM$_3$ 通电，电动机在工频情况下运行；按下停止按钮 SB$_2$，电动机停止运行。

3）工频/变频转换开关 SA 在变频位置时，按下起动按钮 SB$_1$，KM$_1$ 和 KM$_2$ 通电，电动机在变频情况下运行；按下停止按钮 SB$_2$，电动机停止运行。

4）变频器频率由温度传感器测定后，经过 PID 调节器进行控制。

5）当变频器出现故障时，锅炉鼓风机自动停止变频运行，5s 后转入工频运行，同时报警灯亮。故障排除后，按下复位按钮 SB$_3$，报警指示灯灭，锅炉鼓风机停止工频运行，5s 后转入变频运行。

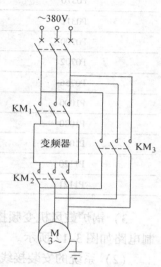

图 4-10　锅炉鼓风机变频控制系统

**2. 操作步骤**

（1）根据系统控制要求进行 PLC、变频器设计同时进行系统控制接线

1）PLC 的 I/O 接口分配见表 4-5。

**表 4-5　PLC 的 I/O 接口分配**

| 输　入 | | | 输　出 | | |
| --- | --- | --- | --- | --- | --- |
| 输入地址 | 元件 | 作用 | 输出地址 | 元件 | 作用 |
| I0.0 | SB$_1$ | 起动按钮 | Q0.0 | 5 端 | 变频器运行 |
| I0.1 | SB$_2$ | 停止按钮 | Q0.1 | KA$_1$ | 变频器变频运行 |
| I0.2 | SA | 工频转换 | Q0.2 | KA$_2$ | 变频器工频运行 |
| I0.3 | SA | 变频转换 | Q0.3 | HL | 变频器故障指示灯 |
| I0.4 | SB$_3$ | 复位按钮 | | | |
| I0.5 | 21、22 端 | 变频器故障输出 | | | |

注：西门子 S7-300 PLC。

2）锅炉鼓风机变频控制系统 MM430 型变频器的参数设置见表4-6。

**表4-6 锅炉鼓风机变频控制系统 MM430 型变频器的参数设置**

| 参 数 号 | 设 定 值 | 说 明 |
|---|---|---|
| P0003 | 3 | 用户访问所有参数 |
| P0100 | 0 | 功率以 kW 为单位，频率为 50Hz |
| P0304 | 380 | 电动机额定电压（单位为 V） |
| P0305 | 3 | 电动机额定电流（单位为 A） |
| P0307 | 75 | 电动机额定功率（单位为 kW） |
| P0309 | 0.94 | 电动机额定效率（单位为%） |
| P0310 | 50 | 电动机额定频率（单位为 Hz） |
| P0311 | 2 950 | 电动机额定转速（单位为 r/min） |
| P0700 | 2 | 命令由端子排输入 |
| P0702 | 1 | 端子 DIN1 功能为 ON，接通正转 |
| P0756 | 0 | 单极性电压输入（0～10V） |
| P1000 | 2 | 频率设定通过外部模拟量给定 |
| P1080 | 10 | 电动机运行的最低频率（单位为 Hz） |
| P1082 | 50 | 电动机运行的最高频率（单位为 Hz） |
| P1120 | 5 | 加速时间（单位为 s） |
| P1121 | 5 | 减速时间（单位为 s） |

3）锅炉鼓风机变频控制系统的元件布置如图4-11 所示。锅炉鼓风机变频控制系统的控制电路如图 3-12 所示。

（2）系统的安装接线及运行调试

1）首先将主电路和控制电路按图 4-10 和图4-12 进行连线，应与实际操作中的情况相结合。

2）经检查无误后方可通电。

3）在通电后不要急于运行，应先检查各电气设备的连接是否正常，然后进行单一设备的逐个调试。

4）按照系统要求进行 PLC 程序的编写，并将编写好的程序传入 PLC 内，进行模拟运行调试，观察输入点和输出点是否和要求一致。锅炉鼓风机变频控制系统 PLC 参考程序如图 4-13所示。

5）按照系统要求进行变频器参数的设置。

6）对整个系统进行统一调试，包括安全和运行情况的稳定性调试。

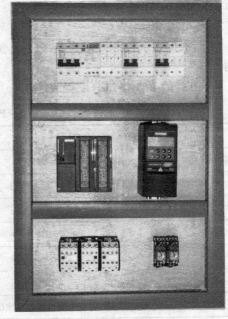

图 4-11 锅炉鼓风机变频控制系统的元件布置

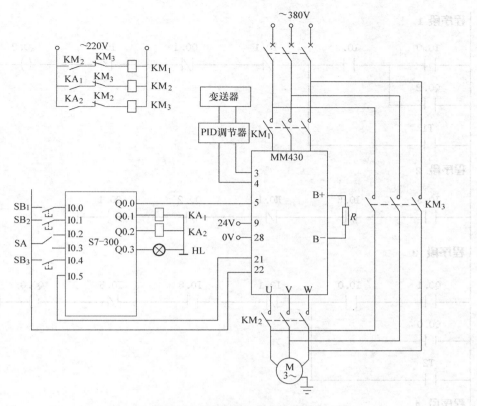

图 4-12  锅炉鼓风机变频控制系统的控制电路

7）在系统正常的情况下，按下起动按钮，系统开始按照控制要求运行调试。根据程序调节模拟量输入，从而调节变频器控制锅炉鼓风机变频控制系统电动机的转速，实现锅炉鼓风机的变频调速自动控制。

（3）注意事项

1）系统电路必须检查清楚后才能通电。

2）在系统运行调整中要有准确的实际记录，对温度变化范围是否合适、运行是否平稳、节能效果如何等都应该准确记录。

3）对运行中出现的故障现象进行准确的描述分析。

4）注意系统不得长期超负荷运行，否则电动机和变频器将因过载而停止运行。

5）在运行过程中要认真观测系统的变频自动控制方式及特点。

# 第三节  啤酒灌装生产线变频控制系统

啤酒灌装生产线是啤酒生产企业不可缺少的主要生产设备，装酒过程的酒位控制、灌装压力控制、同步速度调节等都会影响啤酒灌装生产线的灌装质量。

啤酒灌装生产线的运行速度不是一成不变的，啤酒传送的起始和运行过程控制以及定位停止的控制都需要变频器参与。选择变频器时首先要确定电动机的功率，了解生产线对于调速的要求，然后根据这些内容来选择变频器与相关电气元器件并进行安装，最后进行调试运行。

108

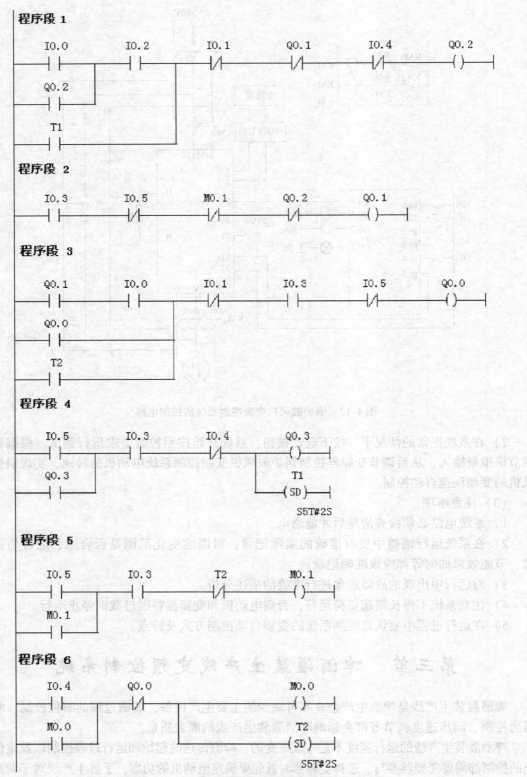

图 4-13 锅炉鼓风机变频控制系统 PLC 参考程序

## 一、控制要求

有一条啤酒灌装生产线，传送带电动机功率为4kW，如图4-14所示。

按下起动按钮，电动机带动传送带低速向右运行，根据工艺要求，当传感器1检测到瓶子后，若传感器2在10s内检测不到12个瓶子，则将速度调整为中速；若传感器2在15s内还检测不到12个瓶子，则将速度调整为高速。高、中、低速对应的频率分别为20Hz、30Hz、40Hz。若传感器2在1min内检测不到瓶子，则停机。

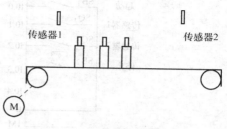

图4-14　啤酒灌装生产线

## 二、元器件的选择

### 1. 变频器的选择

啤酒灌装生产线的负载类型属于恒转矩负载，其功率为4kW，电流为8.7A。由于负载属于直接起动，三相异步电动机直接用工频起动时的起动电流为其额定电流的4～7倍，对于功率小于10kW的电动机，在直接起动时，可按下式选取变频器：

$$I_{CN} \geqslant I_K / k_g$$

式中　$I_K$——在额定电压、额定频率下电动机起动时的堵转电流（A）；

$k_g$——变频器的允许过载倍数，为1.3～1.5。

因此，将变频器的功率选择为5.5kW，类型为恒转矩。

### 2. PLC的选择

根据控制信号数量分析应选择输入和输出为40点的PLC，型号为S7-200。

### 3. 导线的选择

主电动机导线按照经验可选择横截面积为1mm²的导线，对于4kW的电动机来说横截面积为2.5mm²的导线已经足够。控制信号导线的电流是毫安级的，考虑到导线需要有一定的强度，因此选择横截面积为0.75mm²的导线。

## 三、确定PLC I/O地址

根据控制要求可知，输入信号有起动、停止和检测传感器信号。变频器的频率调整是通过DIN1～DIN3控制端子的组合状态来实现控制的。PLC的I/O接口分配见表4-7。

表4-7　PLC的I/O接口分配

| 输　　入 | | | 输　　出 | | |
|---|---|---|---|---|---|
| 起动 | I0.0 | SB₁ | Q0.0 | 变频器端子DIN1 | |
| 停止 | I0.1 | SB₂ | Q0.1 | 变频器端子DIN2 | |
| 传感器1 | I0.2 | SQ₁ | Q0.2 | 变频器端子DIN3 | |
| 传感器2 | I0.3 | SQ₂ | | | |

注：西门子S7-200PLC。

## 四、绘制PLC、变频器系统接线图

PLC、变频器系统的接线如图4-15所示。

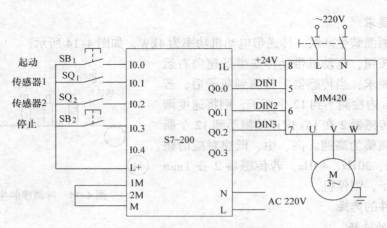

图 4-15  PLC、变频器系统的接线

### 五、参数的设置

恢复出厂默认值见表 4-8。电动机参数的设置见表 4-9。变频器参数的设置见表 4-10。

#### 表 4-8  恢复出厂默认值

| 参 数 号 | 功 能 说 明 | 设 置 值 |
|---|---|---|
| P0010 | 工厂设置 | 30 |
| P3900 | 结束快速调试，进入运行准备 | 1 |
| P0970 | 参数复位 | 1 |

#### 表 4-9  电动机参数的设置

| 参 数 号 | 功 能 说 明 | 设 置 值 |
|---|---|---|
| P0003 | 用户访问级别为标准级 | 1 |
| P0010 | 快速调试 | 1 |
| P0700 | 命令源选择"由端子排输入" | 2 |
| P1000 | 选择固定频率设置 | 3 |
| P3900 | 结束快速调试，进入运行准备 | 1 |
| P0304 | 电动机额定电压 | 380V |
| P0305 | 电动机额定电流 | 8.7A |
| P0307 | 电动机额定功率 | 4kW |
| P0310 | 电动机额定频率 | 50Hz |

#### 表 4-10  变频器参数的设置

| 参 数 号 | 功 能 说 明 | 设 置 值 |
|---|---|---|
| P0003 | 用户访问级别为扩展级 | 2 |
| P0700 | 命令源选择"由端子排输入" | 2 |
| P0701 | 选择固定频率 | 17Hz |
| P0702 | 选择固定频率 | 17Hz |
| P0703 | 选择固定频率 | 17Hz |
| P1001 | 设置固定频率1 | 20Hz |
| P1002 | 设置固定频率2 | 30Hz |
| P1003 | 设置固定频率3 | 40Hz |

(续)

| 参 数 号 | 功能说明 | 设 置 值 |
|---------|---------|---------|
| P1082 | 最大频率输出 | 50Hz |
| P1120 | 斜坡上升时间 | 1.09s |
| P1121 | 斜坡下降时间 | 1.0s |

### 六、系统的安装接线及运行调试

1）按图4-15所示电路进行接线。

2）确认连接无误后接通电源，设置变频器相关运行参数。

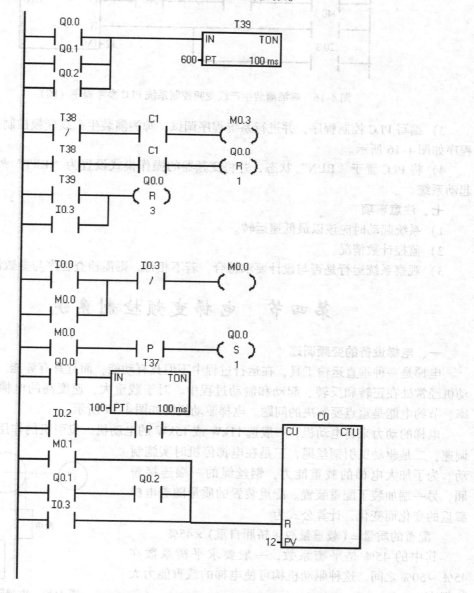

图 4-16　啤酒灌装生产线变频控制系统 PLC 参考程序

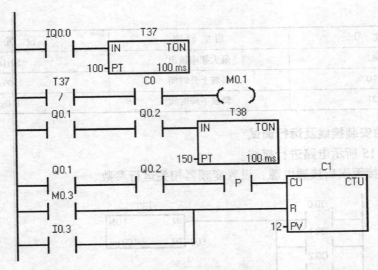

图 4-16　啤酒灌装生产线变频控制系统 PLC 参考程序（续）

3）编写 PLC 控制程序，并进行系统程序调试。啤酒灌装生产线变频控制系统 PLC 参考程序如图 4-16 所示。

4）将 PLC 置于"RUN"状态，并将变频器的操作模式设置为"EXT"外部操作模式，起动系统。

### 七、注意事项

1）系统起动时应该以最低速运转。

2）监控计数情况。

3）观察系统运行是否与设计要求符合，若不相符，则需检查程序与参数设置。

# 第四节　电梯变频控制系统

### 一、电梯设备的变频调速

电梯是一种垂直运输工具，在运行过程中不但具有动能，而且具有势能。电梯的驱动电动机经常处在正转和反转、起动和制动过程中。对于载重大、速度高的电梯，提高运行效率、节约电能是重点要解决的问题。电梯驱动机构如图 4-17 所示。

电梯的动力来自电动机，一般选 11kW 或 15kW 的电动机。曳引机的作用有三个，一是调速，二是驱动曳引钢丝绳，三是在电梯停机时实施制动。为了加大电梯的载重能力，钢丝绳的一端连接轿厢，另一端加装了配重装置。配重装置的质量随着电梯载重的变化而变化，计算公式为

配重的质量 = ( 载重量/2 + 轿厢自重 ) × 45%

其中的 45% 是平衡系数，一般要求平衡系数在 45%～50% 之间。这种驱动机构可使电梯的载重能力大为提高。

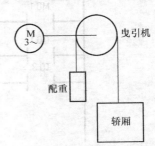

图 4-17　电梯驱动机构

### 二、电梯变频控制系统的构成

电梯变频控制系统主要由以下几部分构成：

#### 1. 整流与再生部分

这部分的功能有两个，一是将电网三相正弦交流电整流成直流电，向逆变部分提供直流电源；二是在减速制动时，有效地控制传动系统的能量回馈给电网。这部分的主要器件是 IGBT 模块或 IPM 模块，根据系统的运行状态，既可作为整流器使用，也可作为有源逆变器使用。

当传动系统采用能耗制动方案时，这部分可单独采用二极管整流模块，无须 PWM 控制电路及相关部分。

#### 2. 逆变器部分

逆变器部分同样是由 IGBT 模块或 IPM 模块组成，作为无源逆变器向交流电动机供电。

#### 3. 平波部分

在电压源系统中，由电解电容器构成平波器。

#### 4. 检测部分

PG 作为交流电动机速度与位置传感器，CT 作为主电路交流电流检测器，TP 作为与三相交流电网同步的信号检测器，$R$ 作为支流母线电压检测器。

#### 5. 控制电路

控制电路一般由计算机、DSP 及 PLC 等构成，可选 16 位或 32 位计算机。控制电路主要完成电力传动系统的指令形成，电流、速度和位置控制，同时产生 PWM 控制信号，并对电梯进行故障诊断、检测和显示，还承担电梯的控制逻辑管理、通信和群控等信息处理任务。

### 三、电梯变频控制系统的工作原理

如图 4-18 所示，电压反馈信号 $U_F$ 与交流电源同步信号 $U_S$ 送入 PWM1 控制电路，产生符合电动机作为电动状态运行的 PWM1 信号，控制整流与再生部分中的开关器件，使之只处于二极管整流工作状态。当电动机减速或制动时便产生再生作用，功率开关器件在 PWM1 信号作用下进入再生状态，将电能回馈给交流电网。交流电抗器（ACL）主要用于限制回馈到电网的再生电流，减少其对电网的干扰，同时又能起到保护功率开关器

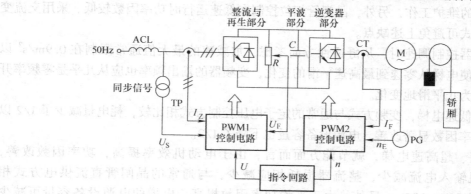

图 4-18　电梯变频控制系统的工作原理

件的作用。逆变器将直流电转换成幅值与频率可调的交流电，输入交流电动机，驱动电梯运行。系统实行电流环与速度环的 PID 控制，并产生正弦 PWM2 信号，控制逆变器输出正弦交流电。

## 四、电梯变频控制系统的特点

1）使用交流感应电动机，其结构简单，制造容易，维护方便，适于高速运行。

2）电力传动效率高，节能效果显著。电梯属于位能负载，在运行时具有动能，因此，在制动时，将其能量回馈电网具有很大意义。

3）结构紧凑，体积小，质量轻，占地面积小。

## 五、电梯的控制方式

表 4-11 列出了电梯控制方式。绳索式电梯通常采用的速度控制方式有很多种，但为了改善性能，正在不断改用变频器控制方式。

表 4-11　电梯控制方式

| 分　类 | 其 他 方 式 | | | | 变频器方式 | | | |
|---|---|---|---|---|---|---|---|---|
| | 电动机 | 齿轮 | 电梯速度/<br>(m/min) | 速度控制<br>方式 | 电动机 | 齿轮 | 电梯速度/<br>(m/min) | 速度控制<br>方式 |
| 中、低速 | 笼型电动机 | 带齿轮 | 15～30 | 1 挡速度 | 笼型电动机 | 带齿轮 | 30～105 | 变频器 |
| | | | 45～160 | 2 挡速度 | | | | |
| | | | 45～105 | 电子电压<br>晶闸管控制 | | | | |
| | 直流电动机 | | 90～105 | 发电机-电动<br>机方式 | | | | |
| 高速 | | 不带齿轮 | 120～240 | — | | 带斜齿轮 | 120～240 | |
| 超高速 | | | >300 | | | 不带齿轮 | >300 | |

中、低速电梯所采用的速度控制方式主要是电子电压晶闸管控制。这种控制方式很难实现转矩控制，且低速时作用在低效率区，能量损耗大。

高速、超高速电梯所采用的是晶闸管直流供电方式，由于使用直流电动机，所以增加了换向器和电刷的维护工作，另外，晶闸管相位控制在低速运行时功率因数较低。采用交流变频调速控制方式可避免上述缺点。

采用变频器控制调速时，从舒适性方面考虑，加减速的最大值通常限制在 $0.9\text{m/s}^2$ 以下。由于必须使电梯从零速到最高速平滑的变化，变频器的输出频率也应从几乎是零频率开始到额定频率为止平滑地变化。

对于中、低速电梯，变频方式与通常的定子电压控制方式相比较，耗电量减少了 1/2 以上，且平均功率因数显著改善，电源设备容量也下降了 1/2。

对于高速、超高速电梯，就节能方面而言，由于电动机效率提高，功率因数改善，因此，电动机输入电流减少，整流器损耗相应减少，与通常的晶闸管直流供电方式相比，预计节能 5%～10%。另外，由于平均功率因数提高，电梯的电源设备容量可减少 20%～30%。

### 六、应用实例

#### 1. 控制要求

有一个三层的电梯控制系统，需 PLC 和变频器配合进行自动控制，控制要求如下：

1）当电梯停在一层或二层时，若三层呼叫，则电梯上行至三层停止。

2）当电梯停在三层或二层时，若一层呼叫，则电梯下行至一层停止。

3）当电梯停在一层时，若二层呼叫，则电梯上行至二层停止。

4）当电梯停在三层时，若二层呼叫，则电梯下行至二层停止。

5）当电梯停在一层时，若二层和三层同时呼叫，则电梯上行至二层停止 $T$ 秒，然后继续自动上行至三层停止。

6）当电梯停在三层时，若二层和一层同时呼叫，则电梯上行至二层停止 $T$ 秒，然后继续自动下行至一层停止。

7）若电梯处于上行途中，则下行呼叫无效；若电梯处于下降途中，则上行呼叫无效。

8）当轿厢所停位置层呼叫时，电梯呼叫不受影响。

9）电梯楼层定位采用旋转编码器脉冲定位（采用型号为 OVW2—06—2MHC 的旋转编码器，脉冲为 600 脉冲/r，采用 DC 24V 电源），不设磁感应位置开关。

10）电梯运行时有上行、下行定向指示，上行或下行时延时起动。

11）电梯到达目的层时，先减速运行后平层，减速脉冲个数根据现场情况确定。

12）电梯具有快车速度 50Hz，爬行速度 6Hz，当平层信号到来时，电梯爬行速度从 6Hz 减到 0Hz。

13）电梯起动的加速时间、减速时间可根据实际情况而定。

14）轿厢所停位置楼层有数码管显示。

#### 2. 操作步骤

（1）结合系统进行 PLC 的输入、输出点分配及系统控制接线和变频器参数的设定

1）PLC 的 I/O 接口分配见表 4-12。

**表 4-12　PLC 的 I/O 接口分配**

| 输　入 | 功　能 | 输　出 | 功　能 |
|---|---|---|---|
| I0.0 | HC0 计数端 | Q0.4 | 一层呼叫指示 |
| I0.1 | 一层呼叫 | Q0.7 | 电梯上升箭头 |
| I0.2 | 二层呼叫 | Q1.0 | 电梯下降箭头 |
| I0.3 | 三层呼叫 | Q0.0 | 电梯上升 STF 信号 |
| I0.4 | 计数在一层时强迫复位 | Q0.5 | 二层呼叫指示 |
| | | Q0.6 | 二层呼叫指示 |
| | | Q0.1 | 电梯下降 STR 信号 |
| | | Q0.2 | 减速运行至 6Hz |
| | | Q1.1 ~ Q1.7 | 电梯轿厢位置数码显示 |

注：西门子 S7-200PLC。

2）设定变频器的参数。恢复出厂默认值见表 4-13。曳引电动机参数的设置见表 4-14。变频器参数的设置见表 4-15。

表 4-13　恢复出厂默认值

| 参　数　号 | 功　能　说　明 | 设　置　值 |
|---|---|---|
| P0010 | 工厂设置 | 30 |
| P3900 | 结束快速调试，进入运行准备 | 1 |
| P0970 | 参数复位 | 1 |

表 4-14　曳引电动机参数的设置

| 参　数　号 | 功　能　说　明 | 设　置　值 |
|---|---|---|
| P0003 | 用户访问级别为标准级 | 1 |
| P0010 | 快速调试 | 1 |
| P0700 | 命令源选择"由端子排输入" | 2 |
| P1000 | 选择固定频率设置 | 3 |
| P3900 | 结束快速调试，进入运行准备 | 1 |
| P0304 | 电动机额定电压 | 380V |
| P0305 | 电动机额定电流 | 22A |
| P0307 | 电动机额定功率 | 11kW |
| P0310 | 电动机额定频率 | 50Hz |

表 4-15　变频器参数的设置

| 参　数　号 | 功　能　说　明 | 设　置　值 |
|---|---|---|
| P0003 | 用户访问级别为专家级 | 3 |
| P0700 | 命令源选择"由端子排输入" | 2 |
| P0701 | 选择固定频率 | 17Hz |
| P1001 | 设置固定频率 | 6Hz |
| P1082 | 最大频率输出 | 50Hz |
| P1120 | 斜坡上升时间 | 2s |
| P1121 | 斜坡下降时间 | 1s |

3）电梯编码器的相关问题。采用 600P 的电梯编码器，4 极电动机的转速按 1 500r/min 选定，则 50Hz 时的每秒脉冲个数为

$$1\ 500 \text{r/min} \div 60\text{s} \times 600\ \text{脉冲} = 15\ 000\ \text{脉冲/s}$$

设电梯每层相隔 75 000 脉冲，在 60 000 个脉冲时减速为 6Hz，电梯运行前必须先操作 10.4 复位。

三层电梯脉冲个数的计算，每层运行 5s，提前 1s 减速，具体计算如下：

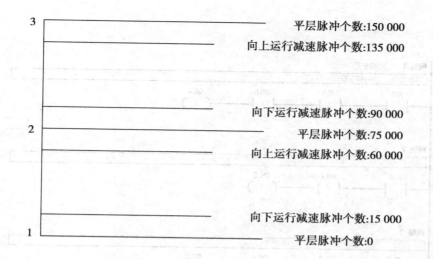

4）电梯变频控制系统的接线如图 4-19 所示。

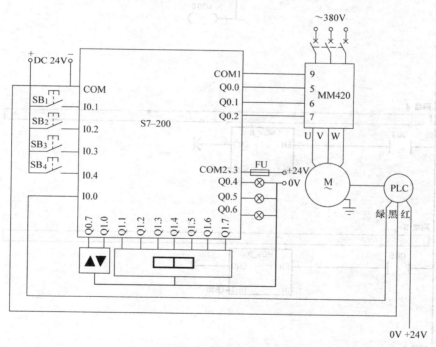

图 4-19  电梯变频控制系统的接线

（2）系统的安装接线及运行调试

1）结合实际要求和情况进行设备及元器件的合理布置和安装，然后根据图样进行导线连接。变频器、电动机及 PLC 编码器的连线参照图 4-19 所示。

2）经检查无误后方可通电。

3）按照要求进行 PLC 程序的编写及变频器参数的设置。带编码器的三层电梯变频控制系统 PLC 参考程序如图 4-20 所示。

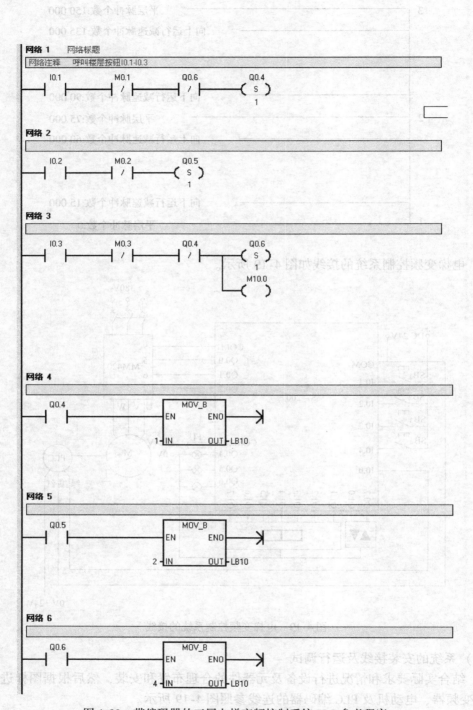

图 4-20　带编码器的三层电梯变频控制系统 PLC 参考程序

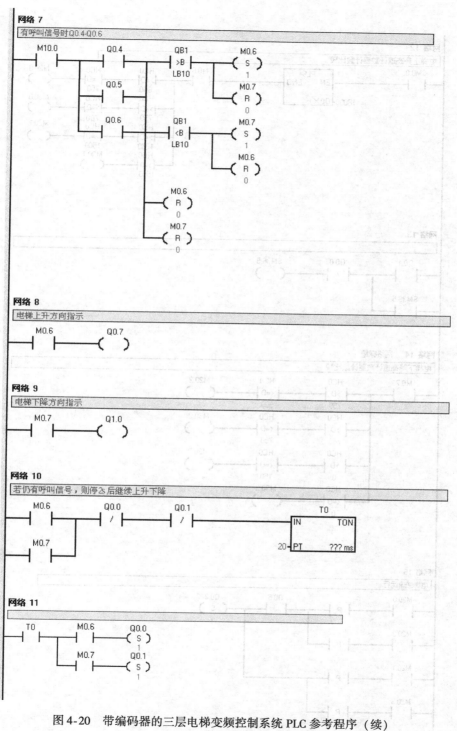

图 4-20　带编码器的三层电梯变频控制系统 PLC 参考程序（续）

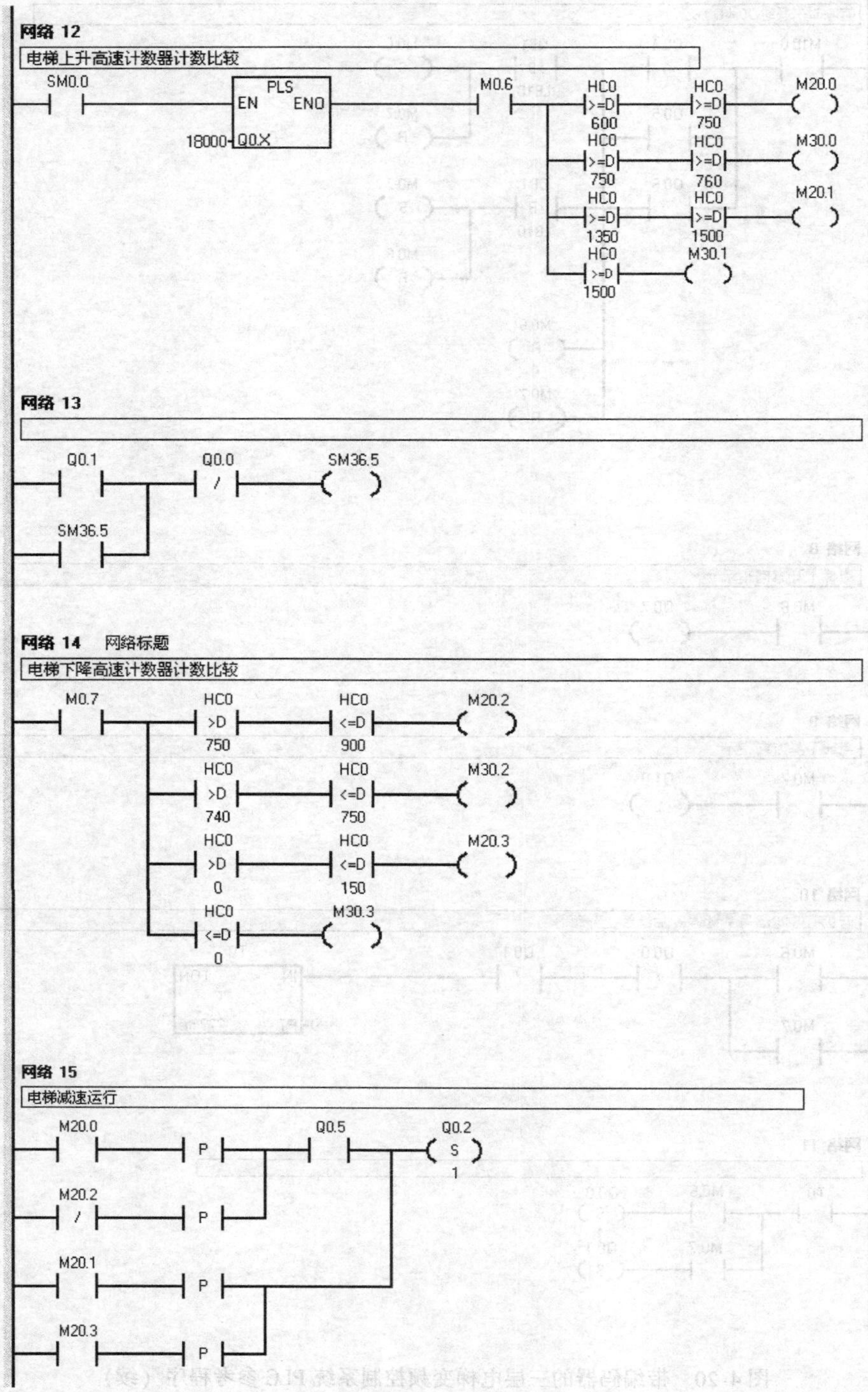

图 4-20　带编码器的三层电梯变频控制系统 PLC 参考程序（续）

网络 16

M30.0 ─┤├─ ─┤P├─ ──┬── ─┤ Q0.5 ├── ──┬── ─( Q0.0 R )
                                                      0
M30.2 ─┤├─ ─┤P├─ ──┤                              ─( Q0.1 R )
                                                      0
M30.1 ─┤├─ ─┤P├─ ──┤

M30.3 ─┤├─ ─┤P├─ ──┘

网络 17

确认位置号并复位

M30.1 ─┤├──────┬── MOV_B ──┬──────── ─( Q0.6 R )
               │ EN   ENO │              0
             4─┤IN   OUT├─LB10

网络 18

M30.0 ─┬─┤├── MOV_B ──┬────── ─( Q0.5 R )
       │     EN   ENO │            0
M30.2 ─┘   2─┤IN OUT├─LB10

网络 19

M30.3 ─┬─┤├── MOV_B ──┬────── ─( Q0.4 R )
       │     EN   ENO │            0
SM0.3 ─┤   1─┤IN OUT├─LB10
       │
M30.1 ─┤
I0.4 ─┘

图 4-20    带编码器的三层电梯变频控制系统 PLC 参考程序（续）

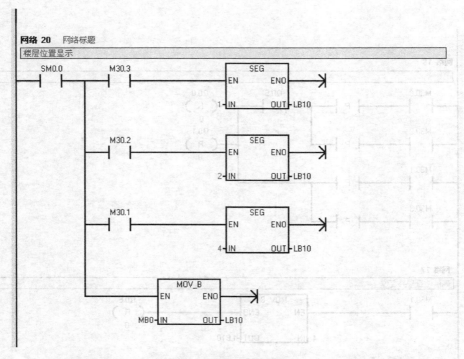

图 4-20　带编码器的三层电梯变频控制系统 PLC 参考程序（续）

4）在 PLC 程序传输完成及变频器参数设置好后，首先进行单一调试，然后进行整个系统的统一调试，在调试合格后才可进行正常载重运行。

（3）注意事项

1）系统电路必须在检查清楚后才能上电。

2）读者可根据要求和实际情况在系统调试时，对变频器转矩提升和其相关参数进行修改，应注意系统运行中的安全性和稳定性。

3）对运行中出现的故障现象应进行准确的描述分析。

# 第五节　刨床变频控制系统

图 4-21 所示为龙门刨床。龙门刨床作为机械工业中的主要工作机床之一，在工业生产中占有重要的地位。其生产工艺主要是刨削（或磨削），用于加工大型、狭长的机械零件。龙门刨床的电气控制系统主要用于控制工作台自动往复运动和调速，同时也是龙门刨床的主拖动系统。我国现行生产的龙门刨床的主拖动方式以直流发电机-电动机系统及晶闸管-电动机系统为主。以 A 系列龙门刨床为例，它采用电磁扩大机作为励磁调节器的直流发电机-电动机系统，通过调节直流电动机的电压来调节输出速度，并采用两级齿轮变速器变速的机电联合调节方法。其主运动为刨床工作台频繁的往复运动，并且在工作台往复运动的一个周期中，对其速度有一定的要求，如图 4-22 所示。

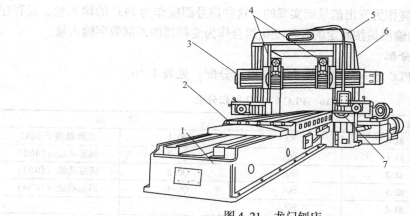

图 4-21 龙门刨床

1—床身 2—工作台 3—横梁 4—垂直刀架 5—顶梁 6—立柱 7—侧刀架

## 一、控制要求

由图 4-22 可知一个完整的工作周期中工作台速度的变化过程，其具体的频率变化要求是：

1）慢速切入和前进减速时的频率为 25Hz。

2）高速前进时的频率为 45Hz。

3）高速后退时的频率为 50Hz。

4）慢速后退时的频率为 20Hz。

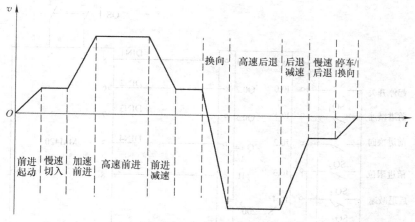

图 4-22 工作台运行速度

但采用传统控制方式的拖动电路中电动机较多，控制繁杂，维护、检修困难。在实际使用中，龙门刨床电路一直被作为考核技师的难题之一。随着工业自动化的发展以及变频器、PLC 在工厂设备改造中的广泛使用，正在尝试将变频器与 PLC 配合使用对龙门刨床控制系统进行改造。

## 二、操作步骤

分析龙门刨床主拖动系统的控制要求后可知，在加工过程中工作台经常处于起动、加速、减速、制动和换向的状态，也就是说工作台在不同的阶段需要在不同的转速下运行。为了方便完成这种控制要求，大多数变频器都提供了多段速的控制功能。它通过几个开关的通、断组合来选择不同的运行频率。如图 4-23 所示，这些动作是由安装在龙门刨床床身一侧的前进减速/前进换向行程开关 $SQ_1/SQ_2$ 与后退减速/后退换向行程开关 $SQ_4/SQ_5$，以及安装在同侧的撞块

A、C 与压杆 AB、CD 相碰作为发出信号而实现的。这些信号都应作为 PLC 的输入量,经程序进行逻辑处理后,PLC 的输出量按既定的各种变化组合作为变频器的外部数字输入量。

### 1. PLC 的 I/O 接口分配

根据任务分析,对 PLC 输入接口、输出接口进行分配,见表 4-16。

表 4-16　PLC 的 I/O 接口分配

| 输　入 | | | 输　出 | |
| --- | --- | --- | --- | --- |
| 起动/停止 | I0.0 | SA | Q0.1 | 变频器端子 DIN1 |
| 前进减速行程开关 | I0.1 | $SQ_1$ | Q0.2 | 四速功能（DIN2） |
| 前进换向行程开关 | I0.2 | $SQ_2$ | Q0.3 | 四速功能（DIN3） |
| 前进限位行程开关 | I0.3 | $SQ_3$ | Q0.4 | 四速功能（DIN4） |
| 后退减速行程开关 | I0.4 | $SQ_4$ | | |
| 后退换向行程开关 | I0.5 | $SQ_5$ | | |
| 后退限位行程开关 | I0.6 | $SQ_6$ | | |

注:西门子 S7-200PLC。

### 2. 绘制变频器与 PLC 联机硬件接线图

根据控制要求及 PLC I/O 接口分配,绘制变频器与 PLC 联机硬件接线图(见图 4-23),以保证硬件接线正确。

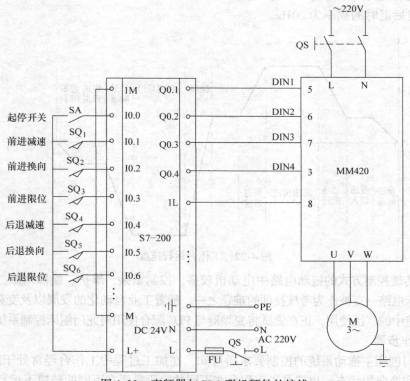

图 4-23　变频器与 PLC 联机硬件的接线

### 3. 设计梯形图程序

根据控制要求绘制刨床主拖动系统改造顺序功能图并设计梯形图程序,如图 4-24 所示。

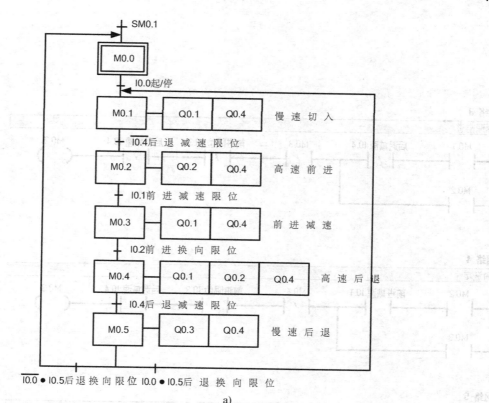

a)

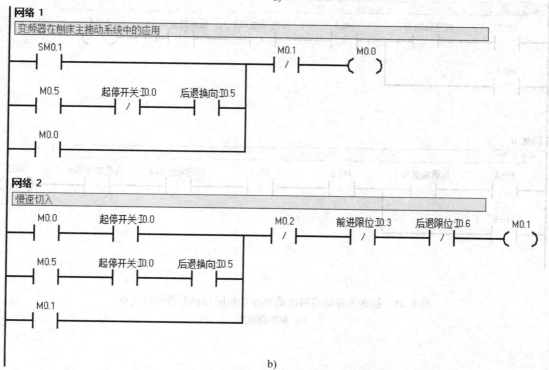

b)

图 4-24　刨床主拖动线路改造顺序功能图与梯形图程序

a) 顺序功能图　b) 梯形图程序

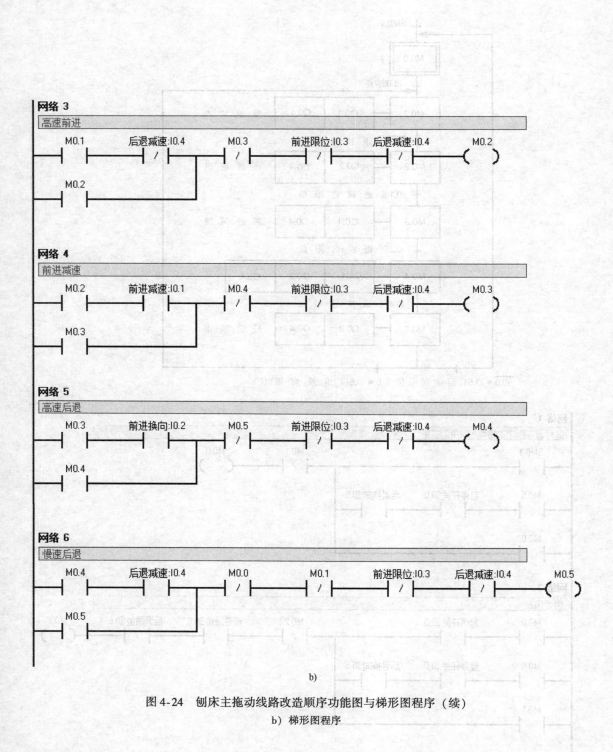

b)

图 4-24  刨床主拖动线路改造顺序功能图与梯形图程序（续）

b）梯形图程序

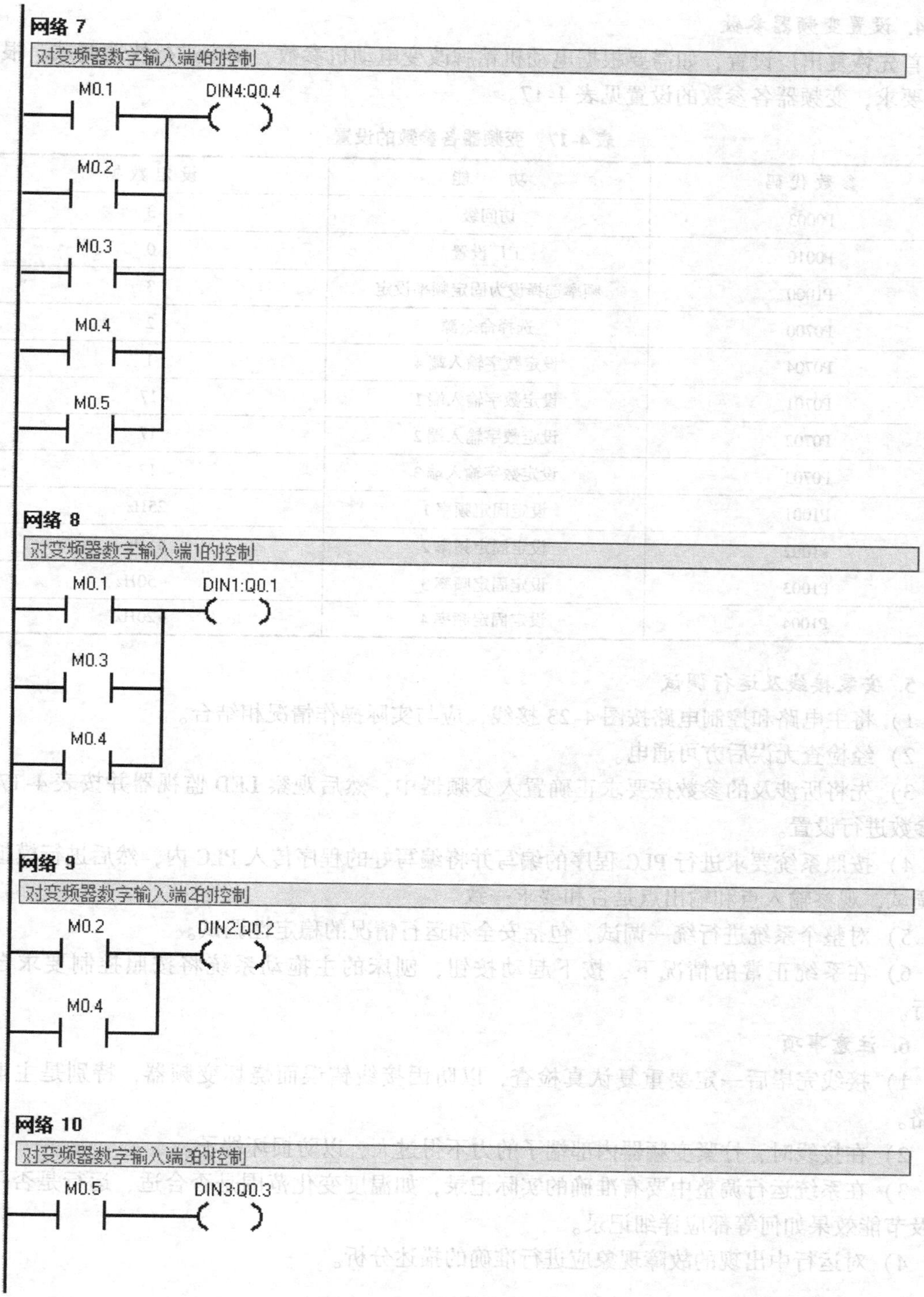

**网络 7**

对变频器数字输入端4的控制

```
M0.1      DIN4:Q0.4
─┤ ├──────┤ ├────( )
M0.2
─┤ ├──────┤ ├
M0.3
─┤ ├──────┤ ├
M0.4
─┤ ├──────┤ ├
M0.5
─┤ ├──────┤ ├
```

**网络 8**

对变频器数字输入端1的控制

```
M0.1      DIN1:Q0.1
─┤ ├──────┤ ├────( )
M0.3
─┤ ├──────┤ ├
M0.4
─┤ ├──────┤ ├
```

**网络 9**

对变频器数字输入端2的控制

```
M0.2      DIN2:Q0.2
─┤ ├──────┤ ├────( )
M0.4
─┤ ├──────┤ ├
```

**网络 10**

对变频器数字输入端3的控制

```
M0.5      DIN3:Q0.3
─┤ ├──────┤ ├────( )
```

b)

图 4-24　刨床主拖动线路改造顺序功能图与梯形图程序（续）

b) 梯形图程序

**4. 设置变频器参数**

首先恢复出厂设置，如需要根据电动机铭牌改变电动机参数，则应进行快速调试。根据控制要求，变频器各参数的设置见表 4-17。

表 4-17　变频器各参数的设置

| 参 数 代 码 | 功　　能 | 设 定 数 据 |
|---|---|---|
| P0003 | 访问级 | 3 |
| P0010 | 工厂设置 | 0 |
| P1000 | 频率选择设为固定频率设定 | 3 |
| P0700 | 选择命令源 | 2 |
| P0704 | 设定数字输入端 4 | 1 |
| P0701 | 设定数字输入端 1 | 17 |
| P0702 | 设定数字输入端 2 | 17 |
| P0703 | 设定数字输入端 3 | 17 |
| P1001 | 设定固定频率 1 | 25 Hz |
| P1002 | 设定固定频率 2 | 45 Hz |
| P1003 | 设定固定频率 3 | −50 Hz |
| P1004 | 设定固定频率 4 | −20 Hz |

**5. 安装接线及运行调试**

1）将主电路和控制电路按图 4-23 接线，应与实际操作情况相结合。

2）经检查无误后方可通电。

3）先将所涉及的参数按要求正确置入变频器中，然后观察 LED 监视器并按表 4-17 所给参数进行设置。

4）按照系统要求进行 PLC 程序的编写并将编写好的程序传入 PLC 内，然后进行模拟运行调试，观察输入点和输出点是否和要求一致。

5）对整个系统进行统一调试，包括安全和运行情况的稳定性调试。

6）在系统正常的情况下，按下起动按钮，刨床的主拖动系统将按照控制要求自动运行。

**6. 注意事项**

1）接线完毕后一定要重复认真检查，以防因接线错误而烧坏变频器，特别是主电源电路。

2）在接线时，拧紧变频器内部端子的力不得过大，以防损坏端子。

3）在系统运行调整中要有准确的实际记录，如温度变化范围是否合适、运行是否平稳以及节能效果如何等都应详细记录。

4）对运行中出现的故障现象应进行准确的描述分析。

# 第六节　注塑机 PLC、变频器的改造

塑料制品加工是轻工行业中近几年发展速度较快的行业之一。随着塑料企业数量的增

多，降低生产成本，提高产品竞争力已成为许多塑料制品厂共同关心的问题。在加工成本中，电费占据了相当大的比例，而数量众多的注塑机是耗电最多的设备。很多塑料企业通过对定量泵注塑机进行大量节能技术改造来节约电能、提高企业竞争力。但对变量泵注塑机，很多企业包括很多专业节能公司都束手无策。如何对市场上存在的大量变量泵注塑机进行节能改造成了众多塑料企业关心的问题。深圳某公司对变量泵注塑机进行了深入研究，结合最新矢量控制变频技术，成功地实现了变量泵注塑机节能改造，取得了10%~20%的节能效果。

## 一、注塑机的工作原理及分类

### 1. 注塑机的工作原理

注塑成型机简称为注塑机。工作原理为：把物料从料斗加入到料筒中，料筒外由加热圈加热，使物料熔化，料筒内螺杆在电动机的驱动下旋转，把已熔化的物料推到螺杆的头部，螺杆在注射液压缸活塞推力的作用下，以高速、高压将储料室内的熔料通过喷嘴注射到模具的型腔中，型腔中的熔料经过保压、冷却、固化定型后，开启模具，通过顶出装置把定型好的制品从模具中顶出落下。图4-25为注塑机结构示意图。

### 2. 注塑机的分类

注塑机根据塑化方式分为柱塞式注塑机和螺杆式注塑机，按传动方式又可分为液压式注塑机、机械式注塑机和液压-机械（连杆）式注塑机，按操作方式分为自动注塑机、半自动注塑机和手动注塑机。

（1）卧式注塑机　这是最常见的类型。其合模部分和注射部分处于同一水平中心线上，且模具是沿水平方向打开的。其特点是：机身矮，易于操作和维修；机器重心低，安装较平稳；制品被顶出后可利用重力作用自动落下，易于实现全自动操作。目前，市场上的注塑机多采用此种形式。

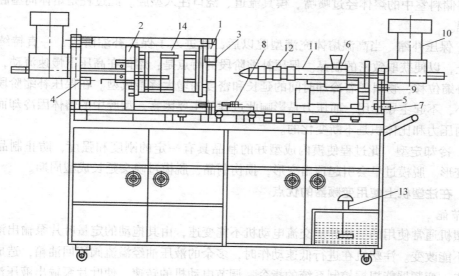

图4-25　注塑机结构示意图

1—定模固定板　2—动模固定板　3—合模感应开关　4—顶出感应开关　5—进出水接口
6—加温进出水接口　7—熔化感应开关　8—注射感应开关　9—注射行程开关　10—电动机
11—注射筒　12—加热圈　13—水泵　14—模具

（2）立式注塑机　其合模部分和注射部分处于同一垂直中心线上，且模具是沿垂直方向打开的。因此，其占地面积较小，容易安放嵌件，装卸模具较方便，自料斗落入料筒的物料能较均匀地进行熔化。但制品被顶出后不易自动落下，必须用手取下，不易实现自动操作。立式结构宜用于小型注塑机，大、中型注塑机则不宜采用此种结构。

（3）角式注塑机　其注射方向和模具分界面在同一个面上，特别适合于加工中心部分不允许留有浇口痕迹的平面制品。它占地面积比卧式注塑机小，但放入模具内的嵌件容易倾斜落下。这种结构适用于小型注塑机。

（4）多模转盘式注塑机　它是一种多工位操作的特殊注塑机。其特点是合模装置采用了转盘式结构，模具围绕转轴转动。这种形式的注塑机充分发挥了注射装置的塑化能力，可以缩短生产周期，提高机器的生产能力，因而特别适合于冷却定型时间长或因安放嵌件而需要较多辅助时间的大批量制品的生产。

注塑机生产的工件被广泛应用于国防、机电、汽车、交通运输、建材、包装、农业、文教卫生及人们日常生活的各个领域。注射成型工艺对各种塑料的加工具有良好的适应性。注塑机生产能力较高，易于实现自动化。

**二、注塑机的工作过程**

（1）预塑计量　预塑计量是指把固体颗粒料或粉料经过加热、输送、压实、剪切、混合和均化，使物料从玻璃态经过黏弹态转变为黏流态。所谓均化，是指熔体的温度均化、黏度均化、密度均化、物料组分均化以及聚合物分布的均化。此过程统称为塑化过程。

（2）注射充模　注射充模过程是螺杆在注射液压缸推力的作用下使螺杆头部产生注射压力，将储料室中的熔体经过喷嘴、模具流道、浇口注入型腔。此过程是熔体向型腔高速流动的过程。

（3）保压补缩　当高温熔体充满型腔以后，就进入了保压补缩阶段，一直持续到浇口冻封为止，以便获取致密的制品。保压补缩阶段的特点是：熔体在高压下慢速流动，螺杆有微小的补缩位移，物料随着冷却时间的延长和密度的增大逐渐成型。在保压补缩阶段，熔体流速很小，不起主导作用，而压力是影响此过程的主要因素。型腔中的熔体因冷却而得到补缩，模内压力和比体积是不断变化的。

（4）冷却定型　此过程使模内成型好的制品具有一定的刚度和强度，防止制品在脱模顶出时变形。脱模过早会引起顶出变形，损伤制品，脱模过晚会延长成型周期。

**三、在注塑机上使用变频器的优点**

**1. 节能**

注塑机通常使用的三相异步交流电动机不能变速，由其拖动的定量叶片泵输出液压油的流量也不能改变。注塑机在进行低速动作时，多余的液压油经溢流阀流回油箱，造成能量的大量损失。变频器能根据控制系统的指令，调节电动机的转速，使叶片泵输出液压油的流量可根据注塑机动作速度的要求而改变，减少了液压油从溢流阀流回油箱的能耗，从而节省了大量的电能。根据注塑产品的不同，变频器可实时监测电动机的耗电量，节电率达20%~70%。

## 2. 可避免人身安全事故

在注塑机加装变频器后,当操作人员在模具上取件、清洁和修模时,注塑机计算机的速度模拟量无输出,电动机处于停止状态,液压系统无压力,从而避免了机械的误动作,完全杜绝了人身安全事故的发生。

## 3. 可实现软起动

工频状态下的电动机采用的是Y-△减压延时起动方式,此时的电流是电动机额定电流的1.33~2.33倍。若多台大功率的电动机同时起动,则将对电网造成很大的冲击。采用变频调速后,电动机在额定电流下就可软起动,电流平滑无冲击,减小了起动电流对电动机和电网的冲击,延长了电动机的使用寿命。

## 四、变频器在注塑机节能应用中出现的问题及解决方法

1) 在注塑机加装变频器进行调速后,主电动机转速随着注塑机各动作速度的变化而变化,而动作的频繁转换致使主电动机频繁地处于加、减速过程中,由于电动机加、减速响应时间较长,最终导致注射循环周期的增加,使生产率降低。通过计算机对变频器进行控制,可实现变频器的输出频率和输出转矩解耦调节,使变频器与注射过程各动作实现最佳配合,解决了注塑机应用变频节能技术导致生产效率降低的瓶颈。

2) 随着电动机转速的降低,与电动机转子相连的风扇叶片的转速也降低,致使电动机散热不良。此外,绝缘层在变频器变频电压的冲击下绝缘效果降低。目前,电动机厂商专门生产的变频电动机,针对这两点进行了改进,使电动机风扇独立于转子,转速不再受电动机转速降低的影响,绝缘层也采用了更优良的材料,从而解决了变频器影响电动机寿命的问题。

3) 叶片泵工作时主要依靠高速运转的转子把叶片甩出,从而达到吸油的目的。如果转子转速降低,那么叶片就会失去足够的离心力,也就不能有效地压紧定子表面。这样,叶片泵的内泄漏就会增加,效率明显降低。当转子转速低于某一临界值(如400r/min)时,叶片泵的吸油能力就变得较差,甚至不能出油。当出现此问题时,需提高频率设定信号增益。此外,用内啮合齿轮泵取代叶片,也能够解决叶片泵低速吸油性差的问题。

4) 在高压合模和慢速开模时,变频器运行在低速大转矩的状态下,电流易超过额定值而造成过电流保护。部分变频器输入端设有合模和开模的输入点,与注塑机计算机的合模和开模的输出点相连,通过特定的变频器软件使电动机在开模和合模时保持高速运行,避免了低速大转矩状态的出现。

## 五、应用实例

### 1. 控制要求

现有一台注塑机,控制电路混乱,接触器触点经常接触不良或线包坏掉,部分电气元器件的型号已淘汰,使得注塑机的故障频率较高,生产效率低,增加了整机的维修费用,同时因电控组件老化而存在着很多安全隐患。

注塑机熔化加热电路如图4-26所示。注塑机的电路如图4-27所示。注塑机的电气元器件见表4-18。针对设备现状,对注塑机进行PLC、变频器设备改造。

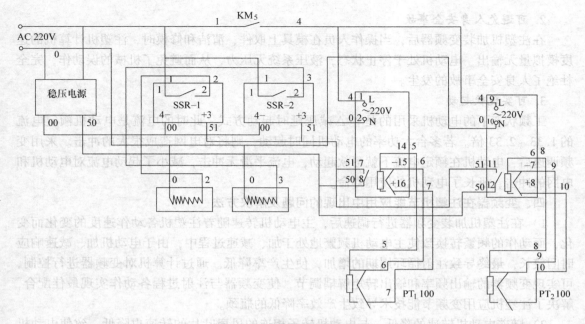

图 4-26 注塑机熔化加热电路

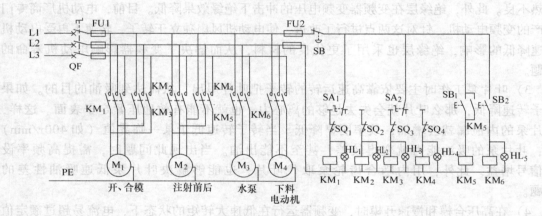

图 4-27 注塑机的电路

表 4-18 注塑机的电气元器件

| 元件代号 | 名　　称 | 型　号 | 规　格 | 数　量 |
|---|---|---|---|---|
| $M_1$，$M_2$，$M_4$ | 电动机 | Y5—7126—W | 220V，1.5A，550W | 3 |
| $M_3$ | 水泵 | AOB—25 | 90W，3 000r/min | 1 |
| WDZ | 稳压电源 | S—50—09 | 220V/24V | 1 |
| KM | 接触器 | CJX—09 | 线圈220V | 6 |
| SSR-25AA | 固态继电器 | JGX—1D 6090 | 输入 AC80～250V<br>输出 AC24～380V | 2 |
| QF | 断路器 | DZ47LE—63 | C40 | 1 |
| XM | 温度显示仪 | REX—C400 | −50～600℃ | 2 |
| $SQ_1$～$SQ_4$ | 接近开关 | ALJ12A0—04 | 24V | 4 |
| FU1 | 熔断器 | — | 380V | 3 |

（续）

| 元件代号 | 名　称 | 型　号 | 规　格 | 数　量 |
|---|---|---|---|---|
| FU2 | 熔断器 | — | 380V，5A | 2 |
| SA₁、SA₂ | 旋转开关 | A008375 | 单极3位220V，10A | 2 |
| SB | 急停按钮 | LAY377（PBC） | 220V，10A | 1 |
| HL | 电源指示灯 | ADRE—22DS23 | AC 220V | 5 |

通过调查分析，并针对设备现状，制订出合理的改造方案。注塑机 PLC、变频器改造项目的分析见表 4-19。

表 4-19　注塑机 PLC、变频器改造项目的分析

| 设　备　名　称 | | 改造前的情况 | 改造方案 |
|---|---|---|---|
| 序号 | 项目 | | |
| 1 | 配电箱 | 电器陈旧，电线老化 | 更新 |
| 2 | 管线 | 电线老化 | 更新 |
| 3 | 主电路 | 电线老化 | 用 PLC 控制，重新布线 |
| 4 | 控制电路 | 电线老化、混乱 | 用 PLC 控制，重新布线 |
| 5 | 调速电路 | — | 用变频器控制 |
| 6 | 电气元器件 | 部分电气元器件老化 | 更新 |
| 7 | 机械调试 | — | 全过程 |
| 8 | 电气调试 | — | 全过程 |

通过表 4-19 的分析可知，注塑机的 PLC、变频器改造任务是：用西门子 PLC 来替代继电接触式控制电路，用变频器改造调速电路，重新布线并进行调试，达到原有的动作要求。其主要内容包括：

1）主电路的 PLC 控制。

2）控制电路的 PLC 控制。

3）拖动系统调速用变频器控制，设置变频器参数。

4）编制 PLC 控制程序。

5）对原有的元器件及电动机进行重新选择或更换。

6）主电路、控制电路以及照明和指示电路要重新布线。

7）调试机床，验收。

**2. 操作步骤**

（1）分析注塑机拖动系统的工作原理　在对注塑机电路进行变频调速电气化改造时，首先要分析其工作原理，然后确定相应的控制方案，并设计相应的程序。根据图 4-27 分析注塑机拖动系统的工作原理如下：

1）熔化加热

合上电源开关→ ⌈温度传感器得电 / 温控显示仪得电⌋ → ⌈输入温度参数 / 固态继电器得电⌋ —常开触点闭合→加热带开始加热→到达设定温度→温控触点断开→固态继电器失电→加热带停止工作→保温，为注射作准备

2）开、合模

合上开关 —转换开关转向开模→ KM₁ 线圈得电——KM₁ 主触点闭合——电动机 M₁ 正转——撞

下行程开关 SQ$_1$——电动机停止（开模结束）合上开关 $\xrightarrow{\text{转换开关转向合模}}$ KM$_2$ 线圈得电——KM$_2$ 主触点闭合——电动机 M$_1$ 反转——撞下行程开关 SQ$_2$——电动机停止（合模结束）

  3）注射前进、后退

合上开关 $\xrightarrow{\text{转换开关转向前进}}$ KM$_3$ 线圈得电——KM$_3$ 主触点闭合——电动机 M$_2$ 正转——撞下行程开关 SQ$_3$——电动机停止（注射前进结束）合上开关 $\xrightarrow{\text{转换开关转向后退}}$ KM$_4$ 线圈得电——KM$_4$ 主触点闭合——电动机 M$_2$ 反转——撞下行程开关 SQ$_4$——电动机停止（注射后退结束）

  4）水泵

合上开关 $\xrightarrow{\text{按下水泵起动按钮 SB}_1}$ KM$_5$ 线圈得电——KM$_5$ 主触点闭合——电动机 M$_3$ 正转——按下急停按钮——水泵停止

  5）下料

合上开关 $\xrightarrow{\text{按下下料点动按钮 SB}_2}$ KM$_6$ 线圈得电——KM$_6$ 主触点闭合——电动机 M$_4$ 正转——按下急停按钮——下料电动机停止

  （2）设计注塑机拖动系统变频器控制电路 从上面的操作过程可以看到，传统的电拖动电气系统电路简单但操作繁杂，需要长时间的机械操作。针对电气电路改造，根据操作要求以及从节约电能的方面考虑，应采用变频器对注塑机进行自动控制。设计控制内容为：

  1）起动加热熔化阶段，此时应伴有料斗冷却（水泵自动开启）。

  2）等待 5s 后，模具开始合模，先以 50Hz 快速合模，3s 后，以 20Hz 慢速锁模，直到合模限位接通，合模电动机停止工作。

  3）合模后，当温度到达注射温度（温度传感器触点接通）时，注射电动机运行，开始注射过程：射台前移（先以 50Hz 高速移动，3s 后再慢速移动），当射台到达射台前位后，开始以 40Hz 转速向模具内注射，5s 后，以低速 20Hz 补缩保压，当到达注射限位后，注射电动机停止，注射过程结束。

  4）注射过程结束后，注射台以 40Hz 的速度后移，当到达限位后，开始熔化下料，熔化电动机以 10Hz 的速度后退下料，当到达熔化下料限位时，熔化下料电动机停止，但电加热过程继续，等待下一次注射。

  5）注射过程结束后，熔化电动机停止运行，30s 后当零件冷却结束时，开模电动机先以 30Hz 的速度开模，3s 后再以低速 15Hz 开模，并由顶针顶出零件，当到达开模限位后，电动机停止。此时整个注射周期结束，进入下个周期运行。

  6）按下停止按钮，注塑机完成本周期后，停止运行。

  7）按下急停按钮，注塑机立即停止运行。

  8）该注塑机也可根据实际情况进行手动控制和调整。手动控制时为了使设备安装调试方便，设计了一个双重功能（手自动切换和手动）按钮。

  变频器控制电路如图 4-28 所示。

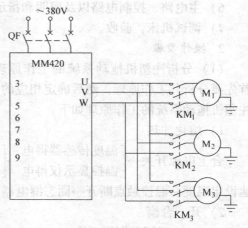

图 4-28 变频器控制电路

变频器参数的设置见表4-20。

**表4-20 变频器参数的设置**

| 参 数 号 | 设 定 值 | 说 明 |
|---|---|---|
| P0003 | 3 | 用户访问所有参数 |
| P0010 | 1 | 快速调试 |
| P0100 | 0 | 功率以 kW 为单位，频率为50Hz |
| P0304 | 380 | 电动机额定电压（单位为 V） |
| P0305 | 1.5 | 电动机额定电流（单位为 A） |
| P0307 | 0.55 | 电动机额定功率（单位为 kW） |
| P0309 | 91 | 电动机额定效率（%） |
| P0310 | 50 | 电动机额定频率（单位为 Hz） |
| P0311 | 1 400 | 电动机额定转速（单位为 r/min） |
| P0700 | 2 | 命令源选择"由端子排输入" |
| P0701 | 17 | DIN1 选择按二进制编码选择频率 + ON |
| P0702 | 17 | DIN2 选择按二进制编码选择频率 + ON |
| P0703 | 17 | DIN3 选择按二进制编码选择频率 + ON |
| P0704 | 12 | DIN4 反向运行 |
| P0725 | 1 | 端子 DIN 输入为高电平有效 |
| P1000 | 3 | 选择固定频率设定值 |
| P1001 | 50 | 设置固定频率 $f_1$（单位为 Hz） |
| P1002 | 20 | 设置固定频率 $f_2$（单位为 Hz） |
| P1003 | 40 | 设置固定频率 $f_3$（单位为 Hz） |
| P1004 | 10 | 设置固定频率 $f_4$（单位为 Hz） |
| P1005 | 30 | 设置固定频率 $f_5$（单位为 Hz） |
| P1006 | 15 | 设置固定频率 $f_6$（单位为 Hz） |
| P1007 | 0 | 设置固定频率 $f_7$（单位为 Hz） |
| P1016 | 3 | 固定频率方式-位 0，按二进制编码选择 + ON |
| P1017 | 3 | 固定频率方式-位 1，按二进制编码选择 + ON |
| P1018 | 3 | 固定频率方式-位 2，按二进制编码选择 + ON |
| P1080 | 0 | 电动机运行的最低频率（单位为 Hz） |
| P1082 | 50 | 电动机运行的最高频率（单位为 Hz） |
| P1120 | 1 | 加速时间（单位为 s） |
| P1121 | 1 | 减速时间（单位为 s） |

（3）设计 PLC 控制电路　利用 PLC、变频器对注塑机进行电气化改造，在分析其技术资料的基础之上，首先要掌握继电控制系统的工作原理，提出 PLC 的控制方案，设计注塑机 PLC 控制原理图，并编制出 PLC 程序。

针对注塑机中无法进行自动控制，对操作员的长期操作易产生职业病的缺点，选用 PLC 进行控制电路的改造。其控制方案如下：

1）模具电动机正、反转实现合模和开模

① 合模时：模具电动机先高速正转进行快速合模，当左模接近右模时，模具电动机转入低速运行进行合模。

② 合模结束时：为了做到准确停机，采用传感器控制继电器使电动机停止工作。

③ 开模时：模具电动机高速反转进行快速开模。

④ 开模结束时：为了做到准确停机，采用传感器控制继电器使电动机停止工作。

2）注射电动机正、反转实现注料杆左行和右行

① 注料杆左行：注射电动机先高速正转，注料杆快速下降，当注料杆接近挤压位置时，电动机转入低速运行，此时注料杆低速向左进行注射挤压。

② 注料杆向左运行结束时：为了做到准确停机，采用传感器控制继电器使电动机停止工作。

③ 注料杆右行：注射电动机高速反转，注料杆快速上升。

④ 注料杆向右结束：为了做到准确停车，采用传感器控制继电器使电动机停止工作。

表 4-21　PLC 的 I/O 地址分配

| 输 入 | | | 输 出 | | |
|---|---|---|---|---|---|
| 输入地址 | 元件 | 作用 | 输出地址 | 元件 | 作用 |
| I0.0 | SB$_1$ | 起动按钮 | Q0.0 | KA$_1$ | 水泵电动机继电器 |
| I0.1 | SB$_2$ | 停止按钮 | Q0.1 | KA$_2$ | 电加热继电器 |
| I0.2 | SB$_3$ | 急停按钮 | Q1.0 | KA$_3$ | 顶针继电器 |
| I0.3 | SL | 温度传感器 | Q1.1 | KA$_4$ | 开模电动机继电器 |
| I0.4 | SQ$_1$ | 合模限位 | Q1.2 | KA$_5$ | 下料电动机继电器 |
| I0.5 | SQ$_2$ | 注射台前限位 | Q1.3 | KA$_6$ | 注射电动机继电器 |
| I0.6 | SQ$_3$ | 注射限位 | Q1.4 | 3 端 | ON 时反转 |
| I0.7 | SQ$_4$ | 注射台后限位 | Q1.5 | 5 端 | 变频器 DIN1 |
| I1.0 | SQ$_5$ | 熔化下料限位 | Q1.6 | 6 端 | 变频器 DIN2 |
| I1.1 | SQ$_6$ | 开模限位 | Q1.7 | 7 端 | 变频器 DIN3 |
| I1.2 | SA$_1$ | 手动/自动切换 | | | |
| I1.3 | SB$_4$ | 手动合模 | | | |
| I1.4 | SB$_5$ | 手动开模 | | | |
| I1.5 | SB$_6$ | 手动下料 | | | |
| I1.6 | SB$_7$ | 手动注射台前进 | | | |
| I1.7 | SB$_8$ | 手动注射台后退 | | | |
| I2.0 | SB$_9$ | 手动顶针 | | | |
| I2.1 | SA$_2$ | 手动熔料 | | | |

注：西门子 S7-300PLC。

3）原料的加热熔化和加热熔化时间、用人工将一定量的原料加入到料筒中，料筒中的原料在加热器的作用下经过一段时间（大约 1min）加热后熔化，此时即可将其挤入模具成型。注塑机可以对很多不同的原料（如聚丙烯、聚氯乙烯、ABS 等）进行生产和加工。由于原料的性质不同，所以加热熔化的时间也不一样。这就要求加热熔化的时间要根据材料的性质不同而进行调整。

4）温度加热器。温度加热器用于对原料进行加热。温度的高低通过改变加热器两端的电压高低来实现，这就要求温度的高低可以调整。

5）保模时间。高温原料被挤入模具后，需要在模具中冷却一段时间，基本成型后才能打开模具，这一段时间称为保模时间。由于产品大小和原料性质的不同，不同产品的保模时间会有所不同，这就要求保模时间可以调整。

用 PLC 控制变频器的输入和模具开合状态的 PLC 的 I/O 地址分配见表 4-21。注塑机 PLC、变频器调速控制系统电路如图 4-29 所示。注塑机工作流程如图 4-30 所示。注塑机 PLC、变频器调速控制系统 PLC 参考程序如图 4-31 所示。

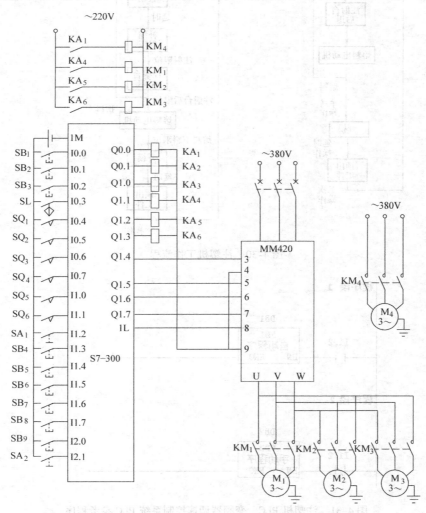

图 4-29 注塑机 PLC、变频器调速控制系统电路

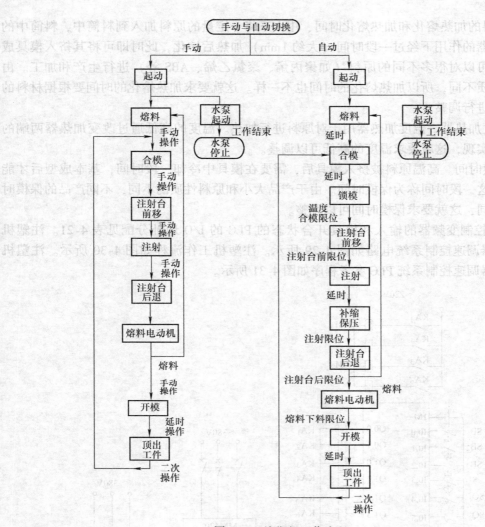

图 4-30  注塑机工作流程

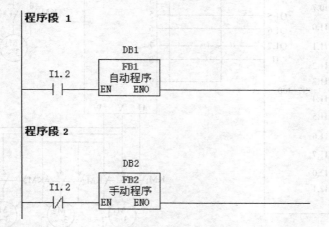

图 4-31  注塑机 PLC、变频器调速控制系统 PLC 参考程序

FB1：注塑机自动控制

**程序段 1**

```
     I0.0          MOVE
    ─┤ ├───┤EN    ENO├────────────
              3─┤IN   OUT├─QB0
```

**程序段 2**

```
     I0.1          I0.0                    M0.1
    ─┤ ├───────┬──┤/├──────────────────────( )──
     M0.1      │
    ─┤ ├───────┘
```

**程序段 3**

```
     M0.1   Q1.0         MOVE
    ─┤ ├───┤ ├────┤EN    ENO├────────────
                   0─┤IN   OUT├─QB0
```

**程序段 4**

```
     I0.2          MOVE
    ─┤ ├───┤EN    ENO├────────────────────
              0─┤IN   OUT├─QD0
```

**程序段 5**

```
     Q0.0   I1.1                  T1
    ─┤ ├───┤ ├────────────────────(SD)──
                                   S5T#5S
```

**程序段 6**

```
     T1     M10.0         MOVE
    ─┤ ├───(P)────┤EN    ENO├────────────
                   34─┤IN   OUT├─QB1
```

图 4-31　注塑机 PLC、变频器调速控制系统 PLC 参考程序（续）

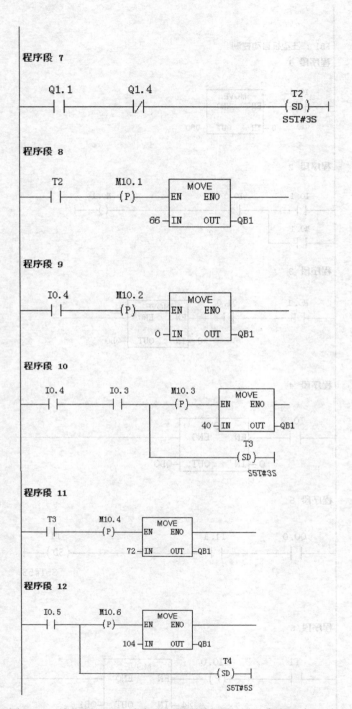

图 4-31 注塑机 PLC、变频器调速控制系统 PLC 参考程序（续）

程序段 13

```
  T4        M10.7      ┌─────────────┐
──┤├────────(P)────────┤EN   MOVE ENO├──────────
                       │             │
                  72 ──┤IN       OUT ├──QB1
                       └─────────────┘
```

程序段 14

```
  I0.6       M11.0     ┌─────────────┐
──┤├────────(P)────────┤EN   MOVE ENO├──────────
                       │             │
                 120 ──┤IN       OUT ├──QB1
                       └─────────────┘
```

程序段 15

```
  I0.7       M11.1     ┌─────────────┐
──┤├────────(P)────────┤EN   MOVE ENO├──────────
                       │             │
                 132 ──┤IN       OUT ├──QB1
                       └─────────────┘
```

程序段 16

```
  I1.0       M11.2     ┌─────────────┐
──┤├────────(P)────────┤EN   MOVE ENO├──────────
                       │             │
                  0 ──┤IN       OUT ├──QB1
                       └─────────────┘
```

程序段 17

```
  Q1.2       M11.3        T6              M0.2
──┤├────────(N)──────────┤/├──────────────( )──
  M0.2                                     T5
──┤├─                                    (SD)
                                         S5T#30S
```

程序段 18

```
  T5         M11.4     ┌─────────────┐
──┤├────────(P)────────┤EN   MOVE ENO├──────────
                       │             │
                 178 ──┤IN       OUT ├──QB1
                       └─────────────┘
```

程序段 19

```
  Q1.1       Q1.4                         T6
──┤├────────┤├───────────────────────────(SD)
                                         S5T#3S
```

图 4-31 注塑机 PLC、变频器调速控制系统 PLC 参考程序（续）

**程序段 20**

```
  T6      M11.5      ┌─────────┐
──┤ ├──────(P)──────┤EN  MOVE ENO├─────
                    │         │
               211──┤IN    OUT├──QB1
                    └─────────┘
```

**程序段 21**

```
  I1.1    M11.6      ┌─────────┐
──┤ ├──────(P)──────┤EN  MOVE ENO├─────
                    │         │
                 0──┤IN    OUT├──QB1
                    └─────────┘
```

FB2：手动控制

**程序段 1**

```
  I2.1      ┌─────────┐
──┤ ├───────┤EN  MOVE ENO├
            │         │
         3──┤IN    OUT├──QB0
            └─────────┘
```

**程序段 2**

```
  I1.3     I0.4                      Q1.1
──┤ ├──────┤/├────────┬──────────────( )──
                      │               Q1.6
                      └───────────────( )──
```

**程序段 3**

```
  I1.6     I0.5      I0.3                  Q1.3
──┤ ├──────┤/├───────┤ ├────────┬──────────( )──
                                │          Q1.6
                                └──────────( )──
```

**程序段 4**

```
  I1.6    I0.5     I0.3     I0.6            Q1.3
──┤ ├─────┤ ├──────┤ ├──────┤/├────────┬─────( )──
                                       │     Q1.5
                                       ├─────( )──
                                       │     Q1.6
                                       └─────( )──
```

图 4-31　注塑机 PLC、变频器调速控制系统 PLC 参考程序（续）

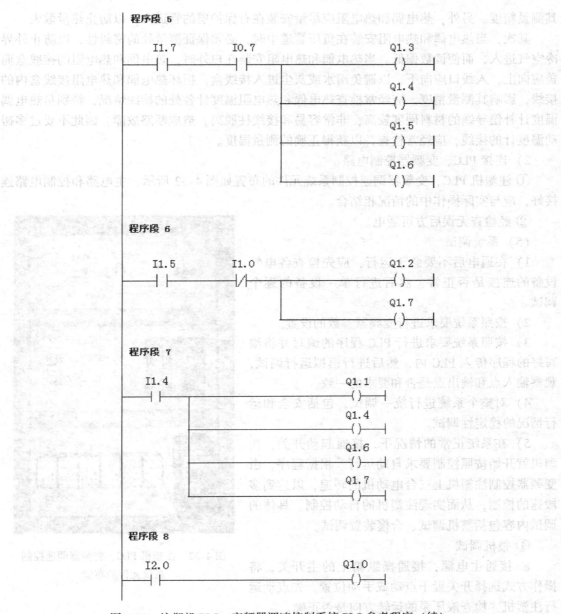

图 4-31　注塑机 PLC、变频器调速控制系统 PLC 参考程序（续）

（4）系统的安装接线

1）安装电器元件。在控制板上按布置图安装走线槽和所有电器元件，并贴上醒目的文字符号。安装时，组合开关、熔断器的受电端子应安装在控制板的外侧；元件排列要整齐、匀称，间距要合理，且应便于元件的更换；紧固元件时用力要均匀，紧固程度要适当，做到既要使元件安装牢固，又不使元件损坏。

安装温度传感器和温度显示仪时的注意事项如下：

首先，热电偶和热电阻在安装时应尽可能保持垂直，以防止保护套管在高温下变形，但在有流速的情况下，则必须迎着被测介质的流向插入，使测温元件与流体充分接触，以保证其测量精度。另外，热电偶和热电阻应尽量安装在有保护层的管道内，以防止热量散失。

其次，当热电偶和热电阻安装在负压管道中时，必须保证测量处的密封性，以防止外界冷空气进入，而使读数偏低。当热电偶和热电阻安装在户外时，热电偶和热电阻的接线盒面盖应向上，入线口应向下，以避免雨水或灰尘进入接线盒，损坏热电偶和热电阻接线盒内的接线，影响其测量精度。应经常检查热电偶和热电阻温度计各处的接线情况，特别是热电偶温度计补偿导线的材料硬度较高，非常容易和接线柱脱离，造成断路故障，因此不要过多碰动温度计的接线，应经常检查，以获得正确的测量温度。

2）连接 PLC、变频器控制电路

① 注塑机 PLC、变频器调速控制系统元件的布置如图 4-32 所示。主电路和控制电路连接好，应与实际操作中的情况相结合。

② 经检查无误后方可通电。

（5）系统调试

1）在通电后不要急于运行，应先检查各电气设备的连接是否正常，然后进行单一设备的逐个调试。

2）按照系统要求进行变频器参数的设置。

3）按照系统要求进行 PLC 程序的编写并将编写好的程序传入 PLC 内，然后进行模拟运行调试，观察输入点和输出点是否和要求的一致。

4）对整个系统进行统一调试，包括安全和运行情况的稳定性调试。

5）在系统正常的情况下，接通起动开关，注塑机就开始按照控制要求自动运行。根据程序，由变频器控制注塑机上三台电动机的转速，以达到多段速的控制，从而实现注塑机的自动控制。具体的调试内容包括整机调试、合模装置调试。

① 整机调试

a. 接通主电源，接通操纵箱上的主开关，将操作方式选择开关置于点动或手动位置。先点动运行注塑机，检查液压泵的运转方向是否正确。

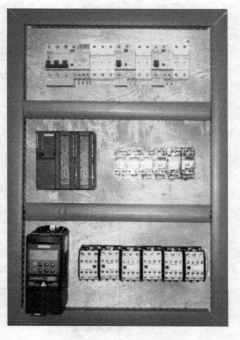

图 4-32 注塑机 PLC、变频器调速控制
系统元件的布置

b. 空机运行时，手动操作机器空转几次，观察指示灯、各种限位开关是否正常、可靠、灵敏。

c. 检查接触器、限位开关、总停按钮工作是否正常、可靠、灵敏。

d. 进行半自动操作试机和自动操作试机，检查注塑机运转是否正常。

② 合模装置调试

a. 将模具稳妥地安装于动模和定模之间，再根据注塑件大小调整好行程滑块，以限制动模板的开模行程。

b. 调整好顶出机构，使之能够将成型注塑件从型腔中顶出到指定位置。

c. 根据加工工艺要求调整锁模力，一般应将锁模力调整到所需锁模力的下限。

  d. 调整所有行程开关至各自的位置。

  6）当系统停止时，按下停止按钮 $SB_2$，注塑机完成当前周期后停止运行。

**3. 注意事项**

  1）在注塑机的改造过程中，应根据生产要求设定自动控制参数，还要设定出相应完善的保护功能。

  2）在注塑机上安装变频器和 PLC 时，一定要注意安装环境，尽量避免安装在振动较大的场合。

  3）在进行注塑机参数设置时，不同模具的参数设定是不相同的，所有的新模具在刚开始时均要调试确定出相应的加工参数。该注塑机所列的参数仅是对某一个模具而言，对于不同形状的模具，注塑机的参数设置有所不同。

# 第七节　中央空调变频控制系统

  随着社会的发展和人们生活水平的提高，中央空调的使用已非常普遍。中央空调是现代大厦、宾馆、商场等不可缺少的设施。据调查统计，目前不少中央空调的能耗几乎占建筑总能耗的 50% 或更高。如何既能保障建筑内部的舒适环境，又能降低空调的能源消耗，一直是建筑领域节能的一个重要课题。

  中央空调一般采用 380V 的三相异步电动机。实践证明，在中央空调的循环系统（冷却泵和冷冻泵）中接入变频系统，利用变频技术改变电动机转速来调节流量和压力，以此取代阀门控制流量，是对中央空调进行节能改造的一条捷径。采用变频器控制中央空调，不仅可实现温差，而且可以节电 30%~60%，同时可延长中央空调的使用寿命。

**一、中央空调的结构**

  中央空调主要由冷冻机组、冷却水塔、外部热交换系统等部分构成，如图 4-33 所示。

**1. 冷冻机组**

  这是中央空调的制冷源，也叫制冷装置。通往各个房间的循环水由冷冻机组进行内部热交换后降温为冷冻水。

**2. 冷却水塔**

  冷却水塔用于为冷冻机组提供冷却水。冷却水在盘旋流过冷冻主机后，带走冷冻主机所产生的热量，使冷冻主机降温。

**3. 外部热交换系统**

  由图 4-33 可以看出，中央空调的外部热交换系统主要由两个水循环系统构成，即冷却水循环系统和冷冻水循环系统。如图 4-34 所示，压缩机不断地从蒸发器中抽取制冷剂蒸气；低压制冷剂蒸气在压缩机内部被压缩为高压蒸气后进入冷凝器中，与冷却水在冷凝器中进行热交换。放热后变为高压液体；高压液体通过热力膨胀阀后压力急剧下降，变为低压液态制冷剂后进入蒸发器，在蒸发器中通

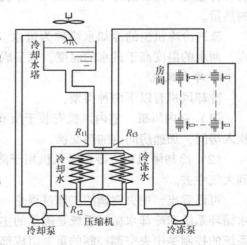

图 4-33　中央空调的结构

过与冷冻水的热交换吸收冷冻水的热量；冷冻水通过盘管吹出冷风以达到降温的目的；温度升高了的循环水回到冷冻主机又变成了冷冻水；变为低压蒸气的制冷剂，再通过回气管重新吸入压缩机，开始新一轮的制冷循环。冷却水在与制冷剂完成热交换之后，由冷却水泵加压，通过冷却水管道到达散热塔与外界进行热交换。降温后的冷却水重新流入冷冻主机，开始下一轮的循环。

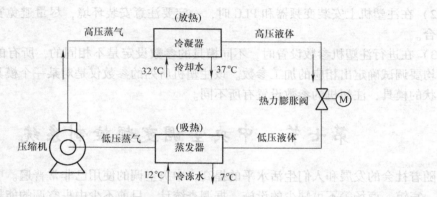

图 4-34　制冷压缩机系统的工作原理

（1）冷冻水循环系统　冷冻水循环系统由冷冻泵及冷冻水管组成。冷冻水从冷冻机组流出，由冷冻泵加压后送入冷冻水管道，在各房间内进行热交换，带走房间内的热量，使房间内的温度下降。同时，冷冻水的温度升高后变成循环水，经冷冻机组后又变成冷冻水，如此往复循环。

从冷冻机组流出后又流入房间的冷冻水简称为出水。流经所有的房间后回到冷冻机组的循环水简称为回水。由于回水的温度高于出水的温度，因而形成温差。

（2）冷却水循环系统　冷却水循环系统由冷却泵、冷却水管及冷却水塔组成。冷冻机组进行热交换使水温降低的同时，必将释放大量的热量。该热量被冷却水吸收，使冷却水温度升高。冷却泵将温度升高后的冷却水压入冷却塔，使之在冷却塔中与大气进行热交换，然后再将温度降低后的冷却水送回到冷冻机组。如此不断循环，冷却水就带走了冷冻机组释放的热量。

流进冷冻机组的冷却水简称为进水。从冷冻机组流回冷却塔的冷却水简称为回水。同样，回水的温度高于进水的温度，也形成了温差。

**4. 冷却风机**

冷却风机有以下两种类型：

（1）室内风机　室内风机安装于所有需要降温的房间内，将由冷冻水冷却了的冷空气吹入房间，加速房间内的热交换。

（2）冷却塔风机　冷却塔风机用于降低冷却塔中的水温，加速将回水带回的热量散发到大气中去。

可以看出，中央空调的工作过程是一个不断进行热交换的能量转换过程。在这里，冷冻水循环系统和冷却水循环系统是能量的主要传递者。因此，对冷冻水循环系统和冷却水循环系统的控制是中央空调控制的重要组成部分。

**5. 温度检测**

通常使用热电阻或温度传感器检测冷冻水和冷却水的温度变化。

**二、中央空调变频控制系统的基本控制原理**

中央空调变频控制系统的控制依据是：中央空调的外部热交换由两个循环水系统来完成。循环水系统的回水与进（出）水的温差，反映了需要进行热交换的热量。因此，根据回水与进（出）水的温差来控制循环水的流动速度，从而控制热交换的速度，是比较合理的控制方法。

**1. 冷冻水循环系统的控制**

冷冻水的出水温度是冷冻机组"冷冻"的结果，常常是比较稳定的。因此，单是回水温度就足以反映房间内的温度。所以，冷冻泵的变频调速系统，可以简单地根据回水温度进行控制：若回水温度高，则说明房间温度高，应提高冷冻泵的转速，加快冷冻水的循环速度；若回水温度低，则说明房间温度低，应降低冷冻泵的转速，减缓冷冻水的循环速度，以节约能源。简言之，对冷冻水循环系统进行控制的依据是回水温度，即通过变频调速，实现回水的恒温控制。

**2. 冷却水循环系统的控制**

冷却水塔内的水温是随着环境温度的变化而变化的，其单侧水温不能准确地反映冷冻机组内产生热量的多少。所以，对于冷却泵，以进水和回水的温差作为控制依据，实现进水和回水的恒温差控制是比较合理的。若进水和回水间的温差大，则说明冷冻机组产生的热量大，应提高冷却泵的转速，增大冷却水的循环速度；反之，则应减缓冷却水的循环速度，以节约能源。

变频器控制系统通过安装在冷却水循环系统回水主管上的温度传感器来检测冷却水的回水温度，并可直接通过设定变频器参数使系统温度维持在需要的范围内。中央空调变频控制原理如图4-35所示。

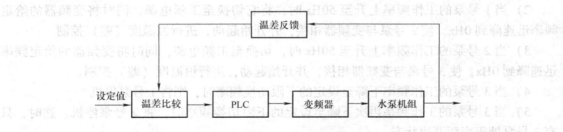

图4-35 中央空调变频控制原理

**三、中央空调变频调速的意义**

冷却水循环系统闭环控制采用检测到的冷却水回水温度组成闭环系统进行变频调速控制。这种控制方式的优点有：

1）只需要在中央空调冷却水管的出水端安装一个温度传感器，简单可靠。

2）当冷却水出水温度高于温度上限设定值时，频率直接优先上调至上限频率。

3）当冷却水出水温度低于温度下限设定值时，频率直接优先下调至下限频率，而采用冷却水管进水和出水温差来调节很难达到这点。

4）当冷却水出水温度介于温度下限设定值与温度上限设定值之间时，通过对冷却水出水温度及温度上、下限设定值进行变频调节，从而实现对频率的调节，闭环控制迅速而准确。

5）节能效果更为明显。在中央空调中，冷冻水泵和冷却水泵的容量是根据建筑物最大设计热负荷选定的，且留有一定的设计余量。在没有使用变频调速的中央空调中，水泵一年四季都在工频状态下全速运行，只能采用节流或回流的方式来调节流量，会产生大量的节流或回流损失。另外，对水泵电动机而言，由于它是在工频下全速运行的，因此造成了能量的大量浪费。采用上、下限温度变频调节方式的中央空调，节能效果更为明显。通过对多家用户的调查，其平均节电率可提高5%以上，节电率达到20%～40%。

6）具有首次起动全速运行功能。通过设置变频器参数，可使冷冻水系统充分交换一段时间，避免由于刚起动运行时热交换不充分而引起系统水流量过小。

7）可延长电动机及电控元件的使用寿命。在非变频控制电路中，水泵采用的是Y-△起动方式，电动机的起动电流均为其额定电流的1.33～2.33倍。在如此大的电流冲击下，接触器、电动机的使用寿命会大大下降。另外，起动时的机械冲击和停泵时的水垂现象，容易对机械散件、轴承、阀门、管道等造成破坏，从而增加维修工作量和备品、备件费用。变频器控制是软起动方式，采用变频器控制电动机后，电动机在起动时及运转过程中均无冲击电流，而冲击电流是影响接触器、电动机使用寿命最主要、最直接的因素。同时，采用变频器控制电动机后，还可避免水垂现象，因此可大大延长电动机、接触器、机械散件、轴承、阀门、管道的使用寿命。

**四、中央空调变频控制系统的切换方式**

中央空调的水循环系统一般都由若干台水泵组成。采用变频调速时，可以有两种方案：

**1. 一台变频器控制方案**

一部分水泵由一台变频器控制，而另一部分水泵由另一台变频器控制。现用一台变频器对三台水泵进行控制，各台水泵之间的切换方法如下：

1）先起动1号泵，进行恒温度（差）控制。

2）当1号泵的工作频率上升至50Hz时，将它切换至工频电源，同时将变频器的给定频率迅速降到0Hz，使2号泵与变频器相接，并开始起动，进行恒温度（差）控制。

3）当2号泵的工作频率上升至50Hz时，切换至工频电源，同时将变频器的给定频率迅速降到0Hz，使3号泵与变频器相接，并开始起动，进行恒温度（差）控制。

4）当3号泵的工作频率下降至设定的下限切换频率时，则将1号泵停机。

5）当3号泵的工作频率再次下降至设定的下限切换频率时，将2号泵停机。这时，只有3号泵处于变频调速状态。

这种方案的主要优点是只用一台变频器，设备投资较少；缺点是节能效果稍差。

**2. 全变频控制方案**

即所有的水泵都采用变频控制。其切换方法如下：

1）先起动1号泵，进行恒温度（差）控制。

2）当1号泵的工作频率上升至设定的切换上限值（通常可小于50Hz，如48Hz）时，起动2号泵，对1号泵和2号泵同时进行变频控制，实现恒温度（差）控制。

3）当1号泵和2号泵的工作频率上升至切换上限值时，起动3号泵，三台泵同时进行变频控制，实现恒温度（差）控制。

4）当三台泵同时运行，而工作频率下降至设定的下限切换值时，可关闭3号泵，使系统进入两台泵运行的状态。当频率继续下降至下限切换值时，关闭2号泵，进入单台泵运行状态。

在全频调速系统中，由于每台泵都要配置变频器，故设备投资较高，但节能效果却要好得多。

对于系统的恒温控制，应结合工艺和用户实际应用要求，对中央空调的温度调节进行控制，可采用变频器 PID 运算控制，也可采用变频器的多段速进行控制。

### 五、应用实例

#### 1. 控制要求

利用变频器通过控制压缩机的速度来实现温度控制。温度信号的采集由温度传感器完成。整个系统可由 PLC 和变频器配合实现自动恒温控制。系统控制要求如下：

1）某空调冷却系统有三台冷却泵，按设计要求每次运行两台，一台备用，十天轮换一次。

2）当冷却进水和回水温差超出上限温度时，一台冷却泵全速运行，另一台冷却泵变频高速运行；当冷却进水和回水温差小于下限温度时，一台冷却泵停止运行，另一台冷却泵变频低速运行。

3）三台冷却泵分别由电动机 $M_1$、$M_2$、$M_3$ 拖动，全速运行由 $KM_1$、$KM_3$、$KM_5$ 三个接触器控制，变频调速分别由 $KM_6$、$KM_2$、$KM_4$ 三个接触器控制。

4）变频调速通过变频器的七段速度实现控制，见表 4-22。

**表 4-22　变频器的七段速度**

| 速度 1 | 速度 2 | 速度 3 | 速度 4 | 速度 5 | 速度 6 | 速度 7 |
|---|---|---|---|---|---|---|
| 10Hz | 15Hz | 20Hz | 25Hz | 30Hz | 40Hz | 50Hz |

5）全速冷却泵的开启与停止根据进水和回水温差进行控制。

#### 2. 操作步骤

（1）根据系统控制要求进行 PLC、变频器设计同时进行系统控制接线

1）结合中央空调制冷原理和要求分析电路控制要求。冷却泵主电路如图 4-36 所示。

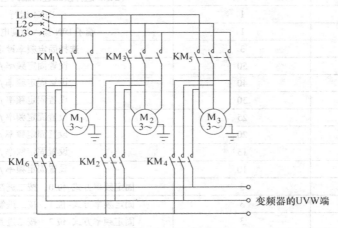

图 4-36　冷却泵主电路

2）PLC 的 I/O 接口分配见表 4-23。

3）中央空调变频控制系统 MM420 型变频器参数的设置见表 4-24。

表 4-23 PLC 的 I/O 接口分配

| 输　入 | | | 输　出 | | |
|---|---|---|---|---|---|
| 输入地址 | 元件 | 作用 | 输出地址 | 元件 | 作用 |
| I0.0 | $SB_1$ | 停止按钮 | Q0.0 | $KA_1$ | $M_1$ 工频 |
| I0.1 | $SB_2$ | 起动按钮 | Q0.1 | $KA_2$ | $M_2$ 变频 |
| I0.2 | $SL_1$ | 温差上限 | Q0.2 | $KA_3$ | $M_2$ 工频 |
| I0.3 | $SL_2$ | 温差下限 | Q0.3 | $KA_4$ | $M_3$ 变频 |
| | | | Q0.4 | $KA_5$ | $M_3$ 工频 |
| | | | Q0.5 | $KA_6$ | $M_3$ 变频 |
| | | | Q0.6 | 3 端 | 变频器运行 |
| | | | Q0.7 | 5 端 | 变频器 DIN1 |
| | | | Q1.0 | 6 端 | 变频器 DIN2 |
| | | | Q1.1 | 7 端 | 变频器 DIN3 |

注：西门子 S7-300 PLC。

表 4-24　中央空调变频控制系统 MM420 型变频器参数的设置

| 参 数 号 | 设 定 值 | 说　明 |
|---|---|---|
| P0003 | 3 | 用户访问所有参数 |
| P0010 | 1 | 快速调试 |
| P0100 | 0 | 功率以 kW 为单位，频率为 50Hz |
| P0304 | 380 | 电动机额定电压（单位为 V） |
| P0305 | 13 | 电动机额定电流（单位为 A） |
| P0307 | 0.55 | 电动机额定功率（单位为 kW） |
| P0309 | 91 | 电动机额定效率（%） |
| P0310 | 50 | 电动机额定频率（单位为 Hz） |
| P0311 | 1 400 | 电动机额定转速（单位为 r/min） |
| P0700 | 2 | 命令源选择"由端子排输入" |
| P0701 | 17 | DIN1 选择按二进制编码选择频率 + ON |
| P0702 | 17 | DIN2 选择按二进制编码选择频率 + ON |
| P0703 | 17 | DIN3 选择按二进制编码选择频率 + ON |
| P0704 | 1 | DIN4 运行 |
| P0725 | 1 | 端子 DIN 输入为高电平有效 |
| P1000 | 3 | 选择固定频率设定值 |
| P1001 | 50 | 设置固定频率 $f_1$ |
| P1002 | 40 | 设置固定频率 $f_2$ |
| P1003 | 30 | 设置固定频率 $f_3$ |
| P1004 | 25 | 设置固定频率 $f_4$ |
| P1005 | 20 | 设置固定频率 $f_5$ |
| P1006 | 15 | 设置固定频率 $f_6$ |
| P1007 | 10 | 设置固定频率 $f_7$ |
| P1016 | 3 | 固定频率方式-位 0，按二进制编码选择 + ON |
| P1017 | 3 | 固定频率方式-位 1，按二进制编码选择 + ON |
| P1018 | 3 | 固定频率方式-位 2，按二进制编码选择 + ON |
| P1080 | 0 | 电动机运行的最低频率（单位为 Hz） |
| P1082 | 50 | 电动机运行的最高频率（单位为 Hz） |
| P1120 | 1 | 加速时间（单位为 s） |
| P1121 | 1 | 减速时间（单位为 s） |

4）中央空调变频控制系统 PLC 状态转移图如图 4-37 所示。中央空调变频控制系统 PLC 参考程序如图 4-38 所示。

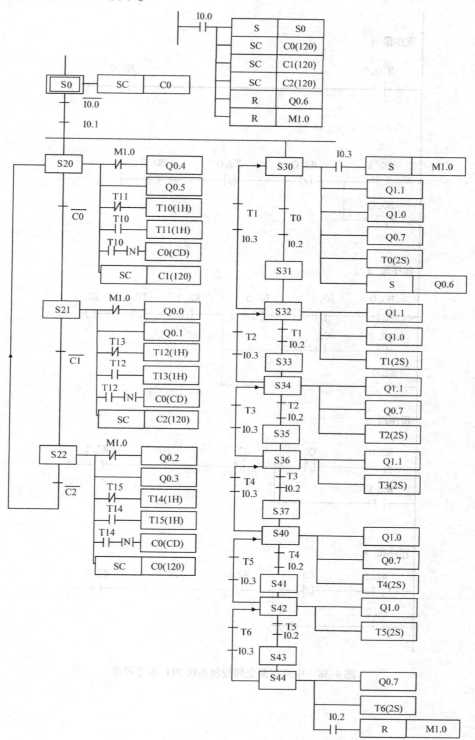

图 4-37　中央空调变频控制系统 PLC 状态转移图

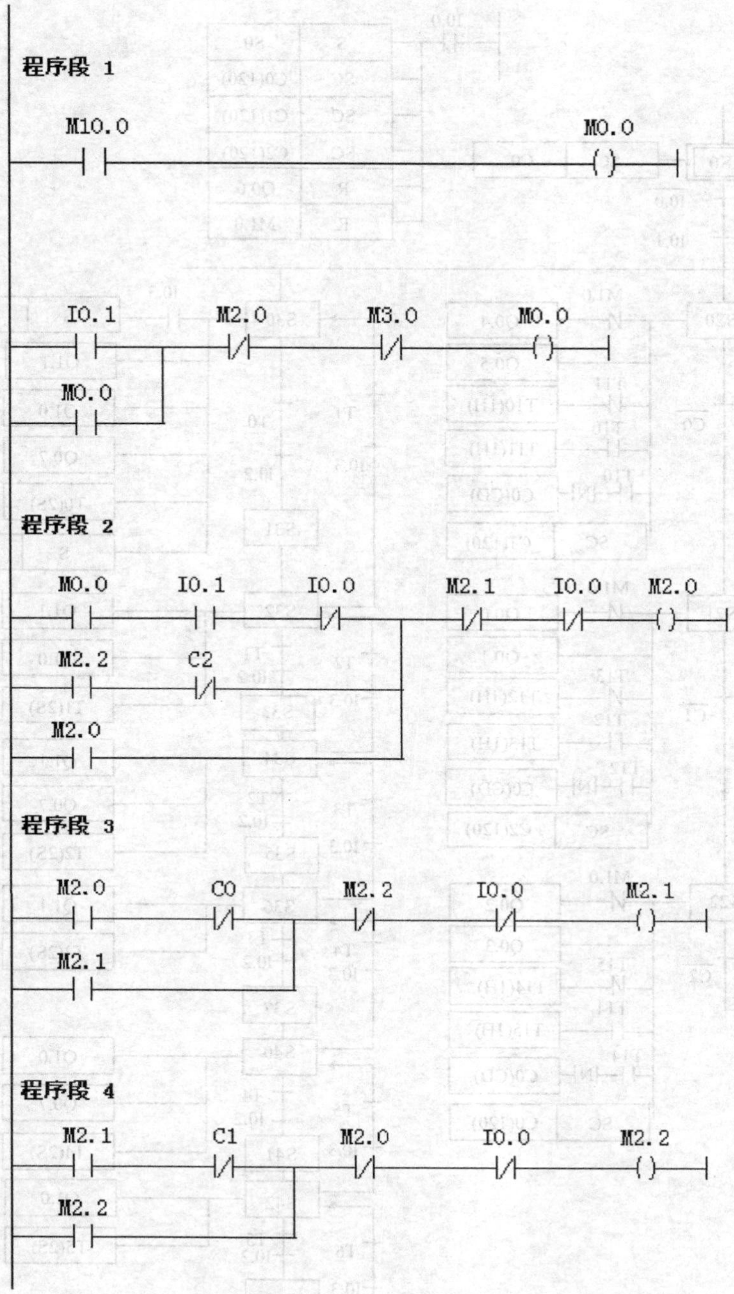

152

中央空调变频控制系统 PLC 状态转移图如图 4-37 所示。中央空调变频控制系统
PLC参考程序如图 4-38 所示。

**程序段 1**

```
  M10.0                                                    M0.0
───┤ ├──────────────────────────────────────────────────( )───


   I0.1            M2.0           M3.0          M0.0
───┤ ├────┬──────┤/├────────────┤/├──────────( )───
          │
   M0.0   │
───┤ ├────┘
```

**程序段 2**

```
  M0.0     I0.1      I0.0      M2.1     I0.0     M2.0
───┤ ├─────┤ ├───┬──┤/├──────┤/├─────┤/├──────( )───
                 │
  M2.2     C2    │
───┤ ├────┤/├────┤
                 │
  M2.0           │
───┤ ├───────────┘
```

**程序段 3**

```
  M2.0      C0       M2.2      I0.0     M2.1
───┤ ├────┤/├───┬──┤/├──────┤/├──────( )───
                │
  M2.1          │
───┤ ├──────────┘
```

**程序段 4**

```
  M2.1      C1       M2.0      I0.0     M2.2
───┤ ├────┤/├───┬──┤/├──────┤/├──────( )───
                │
  M2.2          │
───┤ ├──────────┘
```

图 4-38   中央空调变频控制系统 PLC 参考程序

**程序段 5**

```
  M0.0     I0.1     I0.0         M3.1     I0.0        M3.0
───┤ ├─────┤ ├──────┤/├──┬────────┤/├──────┤/├────────( )───

  M3.2     I0.3      T1   │
───┤ ├─────┤ ├──────┤ ├───┤

  M3.0           │
───┤ ├───────────┘
```

**程序段 6**

```
  M3.0     I0.2      T0         M3.2     I0.0        M3.1
───┤ ├─────┤ ├──────┤ ├──┬───────┤/├──────┤/├────────( )───

  M3.1           │
───┤ ├───────────┘
```

**程序段 7**

```
  M3.1                        M3.3   M3.0    I0.0    M3.2
───┤ ├────────────────┬────────┤/├────┤/├─────┤/├─────( )───

  M3.4     I0.3      T2 │
───┤ ├─────┤ ├──────┤ ├─┤

  M3.2           │
───┤ ├───────────┘
```

**程序段 8**

```
  M3.2     I0.2      T1        M3.4     I0.0       M3.3
───┤ ├─────┤ ├──────┤ ├──┬──────┤/├──────┤/├────────( )───

  M3.3           │
───┤ ├───────────┘
```

**程序段 9**

```
  M3.3                        M3.5   M3.2    I0.0    M3.4
───┤ ├────────────────┬────────┤/├────┤/├─────┤/├─────( )───

  M3.6     I0.3      T3 │
───┤ ├─────┤ ├──────┤ ├─┤

  M3.4           │
───┤ ├───────────┘
```

**程序段 10**

```
  M3.4     I0.2      T2        M3.6     I0.0       M3.5
───┤ ├─────┤ ├──────┤ ├──┬──────┤/├──────┤/├────────( )───

  M3.5           │
───┤ ├───────────┘
```

图4-38 中央空调变频控制系统 PLC 参考程序 (续)

154

**程序段 11**

```
M3.5                              M3.7    M3.4    I0.0    M3.6
─┤├─────────────────┬─────────┤/├────┤/├────┤/├────( )─

M4.0    I0.3    T4   │
─┤├────┤├────┤├──────┤

M3.6                 │
─┤├─────────────────┘
```

**程序段 12**

```
M3.6    I0.2    T3      M4.0    I0.0    M3.7
─┤├────┤├────┤├──┬───┤/├────┤/├────( )─

M3.7              │
─┤├───────────────┘
```

**程序段 13**

```
M3.7                              M4.1    M3.6    I0.0    M4.0
─┤├─────────────────┬─────────┤/├────┤/├────┤/├────( )─

M4.2    I0.3    T5   │
─┤├────┤├────┤├──────┤

M4.0                 │
─┤├─────────────────┘
```

**程序段 14**

```
M4.0    I0.2    T4      M4.2    I0.0    M4.1
─┤├────┤├────┤├──┬───┤/├────┤/├────( )─

M4.1              │
─┤├───────────────┘
```

**程序段 15**

```
M4.1                              M4.3    M4.0    I0.0    M4.2
─┤├─────────────────┬─────────┤/├────┤/├────┤/├────( )─

M4.4    I0.3    T6   │
─┤├────┤├────┤├──────┤

M4.2                 │
─┤├─────────────────┘
```

**程序段 16**

```
M4.2    I0.2    T5      M4.4    I0.0    M4.3
─┤├────┤├────┤├──┬───┤/├────┤/├────( )─

M4.3              │
─┤├───────────────┘
```

图 4-38　中央空调变频控制系统 PLC 参考程序（续）

**程序段 17**

```
  M4.3      M4.2      I0.0              M4.4
 ──┤├───────┤/├───────┤/├──────────────( )──
  M4.4
 ──┤├──
```

**程序段 18**

```
  M0.0                                  C0
 ──┤├──────────────────────────────────{SC}──
                                       C#120
```

**程序段 19**

```
  M2.0      M1.0                        Q0.4
 ──┤├───┬───┤/├───────────────────────( )──
        │
        │                              Q0.5
        ├──────────────────────────────( )──
        │
        │   T11                        T10
        ├───┤/├───────────────────────{SD}──
        │                             S5T#1H
        │
        │   T10                        T11
        ├───┤├────────────────────────{SD}──
        │                             S5T#1H
        │
        │   T10      M1.1              C0
        ├───┤├───────(N)──────────────{CD}──
        │
        │                              C1
        └──────────────────────────────{SC}──
                                       C#120
```

**程序段 20**

```
  M2.1      M1.0                        Q0.0
 ──┤├───┬───┤/├───────────────────────( )──
        │
        │                              Q0.1
        ├──────────────────────────────( )──
        │
        │   T13                        T12
        ├───┤/├───────────────────────{SD}──
        │                             S5T#1H
        │
        │   T12                        T13
        ├───┤├────────────────────────{SD}──
        │                             S5T#1H
        │
        │   T12      M1.2              C1
        ├───┤├───────(N)──────────────{CD}──
        │
        │                              C2
        └──────────────────────────────{SC}──
                                       C#120
```

图 4-38　中央空调变频控制系统 PLC 参考程序（续）

156

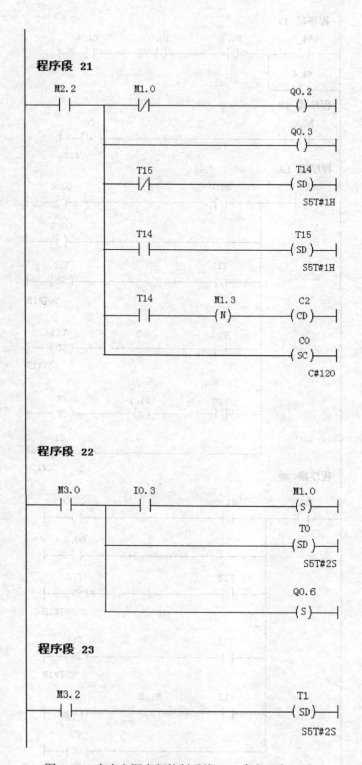

图 4-38　中央空调变频控制系统 PLC 参考程序（续）

**程序段 24**

```
   M3.4                                    T2
 ──┤ ├──────────────────────────────────(SD)──┤
                                        S5T#2S
```

**程序段 25**

```
   M3.6                                    T3
 ──┤ ├──────────────────────────────────(SD)──┤
                                        S5T#2S
```

**程序段 26**

```
   M4.0                                    T4
 ──┤ ├──────────────────────────────────(SD)──┤
                                        S5T#2S
```

**程序段 27**

```
   M4.2                                    T5
 ──┤ ├──────────────────────────────────(SD)──┤
                                        S5T#2S
```

**程序段 28**

```
   M4.4                                    T6
 ──┤ ├──────────┬───────────────────────(SD)──┤
                │                       S5T#2S
                │
         I0.2   │                         M1.0
       ──┤ ├────┘                        ──(R)──┤
```

**程序段 29**

```
   M3.0                                    Q1.1
 ──┤ ├──┬───────────────────────────────( )──┤
        │
   M3.2 │
 ──┤ ├──┤
        │
   M3.4 │
 ──┤ ├──┤
        │
   M3.6 │
 ──┤ ├──┘
```

图 4-38  中央空调变频控制系统 PLC 参考程序（续）

**程序段 30**

```
   M3.0                                    Q1.0
   ─┤├──┬─────────────────────────────────( )─
   M3.2 │
   ─┤├──┤
   M4.0 │
   ─┤├──┤
   M4.2 │
   ─┤├──┘
```

**程序段 31**

```
   M3.0                                    Q0.7
   ─┤├──┬─────────────────────────────────( )─
   M3.4 │
   ─┤├──┤
   M4.0 │
   ─┤├──┤
   M4.4 │
   ─┤├──┘
```

**程序段 32**

```
   I0.0                                     M0.0
   ─┤├──┬─────────────────────────────────( S )─
        │
        │                                   C0
        ├─────────────────────────────────( SC )─
        │                                  C#120
        │
        │                                   C1
        ├─────────────────────────────────( SC )─
        │                                  C#120
        │
        │                                   C2
        ├─────────────────────────────────( SC )─
        │                                  C#120
        │
        │                                   Q0.6
        ├─────────────────────────────────( R )─
        │
        │                                   M1.0
        └─────────────────────────────────( R )─
```

图 4-38　中央空调变频控制系统 PLC 参考程序（续）

（2）系统的安装接线及运行调试　中央空调变频控制系统的控制电路如图 4-39 所示。

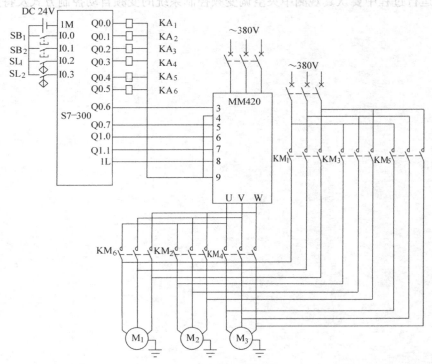

图 4-39　中央空调变频控制系统的控制电路

1）首先将主电路和控制电路图连接好，应与实际操作中的情况相结合。

2）经检查无误后方可通电。

3）在通电后不要急于运行，应先检查各电气设备的连接是否正常，然后进行单一设备的逐个调试。

4）按照系统要求进行 PLC 程序的编写并将编写好的程序传入 PLC 内，然后进行模拟运行调试，观察输入点和输出点是否和要求一致。

5）按照系统要求进行变频器参数的设置。

6）对整个系统进行统一调试，包括安全和运行情况的稳定性调试。

7）在系统正常的情况下，按下起动按钮，系统就开始按照控制要求运行。根据程序通过变频器控制电动机的转速，实现多段速的控制，从而实现中央空调制冷系统的恒温差控制。

（3）注意事项

1）电路必须在检查清楚后才能通电。

2）在系统运行调整中要有准确的实际记录，如温度变化范围是否小、运行是否平稳、节能效果如何等都应详细记录。

3）对运行中出现的故障现象应作出准确的描述分析。

4）电动机不得长期超负荷运行，否则电动机和变频器将因过载而停止运行。

5）注意不能将变频器的输出电压和工频电压同时加于同一电动机上，否则会损坏变频器。

6）在运行过程中要认真观测中央空调变频控制系统的变频自动控制方式及特点。

# 附录

# MM420 型变频器参数表

| 参 数 | 说 明 |
|---|---|
| P0003 | 用户访问级<br>可能的设定值：<br>0 用户定义的参数表，有关使用方法的详细情况请参看 P0013 的说明<br>1 标准级：可以访问最经常使用的一些参数<br>2 扩展级：允许扩展访问参数的范围，例如变频器的 I/O 功能<br>3 专家级：只供专家权限的人员使用<br>4 维修级：只供授权的维修人员使用，具有密码保护 |
| P0004 | 参数过滤器<br>可能的设定值：<br>0 全部参数<br>2 变频器参数<br>3 电动机参数<br>7 命令，二进制 I/O<br>8 ADC（模/数转换）和 DAC（数/模转换）<br>10 设定值通道/RFG（斜坡函数发生器）<br>12 驱动装置的特征<br>13 电动机的控制<br>20 通信<br>21 报警/警告/监控<br>22 工艺参量控制器（例如 PID） |
| P0005 | 显示选择<br>设定值：<br>21 实际频率<br>25 输出电压<br>26 直流回路电压<br>27 输出电流 |
| P0006 | 显示方式<br>在"运行准备"状态下，交替显示频率的设定值和输出频率的实际值<br>在"运行"状态下，只显示输出频率<br>可能的设定值：<br>1 在"运行准备"状态下，显示频率的设定值；在"运行"状态下，显示输出频率<br>2 在"运行准备"状态下，交替显示 P0005 的值和 r0020 的值；在"运行"状态下，只显示 P0005 的值<br>3 在"运行准备"状态下，交替显示 r0002 的值和 r0020 的值；在"运行"状态下，只显示 r0002 的值<br>4 在任何情况下都显示 P0005 的值 |

（续）

| 参　　数 | 说　　明 |
|---|---|
| P0007 | 背光延迟时间 |
| P0010 | 调试参数过滤器<br>可能的设定值：<br>0 准备<br>1 快速调试<br>2 变频器<br>29 下载<br>30 工厂的设定值 |
| P0011 | "锁定"用户定义的参数 |
| P0012 | 用户定义的参数"解锁" |
| P0013 [20] | 用户定义的参数<br>第1步：设定 P0003 =3（专家级用户）<br>第2步：转到 P0013 的下标 0 ~ 16（用户列表）<br>第3步：将用户定义的列表中要求看到的有关参数输入 P0013 的下标 0 ~ 16<br>以下这些数值是固定的，并且是不可修改的：<br>-P0013 下标 19 = 12（用户定义的参数解锁）<br>-P0013 下标 18 = 10（调试参数过滤器）<br>-P0013 下标 17 = 3（用户访问级）<br>第4步：设定 P0003 =0，使用户定义的参数有效 |
| P0040 | 能量消耗计量表复位 |
| P0100 | 使用地区：欧洲/北美<br>可能的设定值：<br>0 欧洲，频率单位为 kW，频率缺省值 50Hz<br>1 北美，频率单位为 hp，频率缺省值 60Hz<br>2 北美，频率单位为 kW，频率缺省值 60Hz |
| P0201 | 功率组件的标号 |
| P0290 | 变频器过载时的反应措施<br>可能的设定值：<br>0 降低输出频率（通常只是在变转矩控制方式时有效）<br>1 跳闸（F0004）<br>2 降低调制脉冲频率和输出频率<br>3 降低调制脉冲频率，然后跳闸（F0004） |
| P0291 | 变频器保护的配置 |
| P0292 | 变频器的过载报警 |
| P0294 | 变频器 $I^2t$ 过载报警 |
| P0295 | 变频器冷却风机断电延迟时间 |
| P0300 | 选择电动机的类型<br>可能的设定值：<br>1 异步电动机<br>2 同步电动机 |

（续）

| 参　　数 | 说　　明 |
|---|---|
| P0304 | 电动机额定电压 |
| P0305 | 电动机额定电流 |
| P0307 | 电动机额定功率 |
| P0308 | 电动机的额定功率因数 |
| P0309 | 电动机的额定效率 |
| P0310 | 电动机的额定频率 |
| P0311 | 电动机的额定转速 |
| P0335 | 电动机的冷却<br>可能的设定值：<br>0 自冷：采用安装在电动机轴上的风机进行冷却<br>1 强制冷却：采用单独供电的冷却风机进行冷却 |
| P0340 | 电动机参数的计算<br>可能的设定值：<br>0 不计算<br>1 完全参数化 |
| P0344 | 电动机的质量 |
| P0346 | 磁化时间 |
| P0347 | 去磁时间 |
| P0350 | 定子电阻（线间）<br>1. 根据下列参数计算 P0340 = 1（根据铭牌输入的数据）或 P3900 = 1，2，3（结束快速调试）<br>2. 用下列参数测量 P1910 = 1（电动机数据自动检测，重写定子电阻值）<br>3. 用欧姆表手动测量 |
| P0610 | 电动机 $I^2 t$ 过温的应对措施<br>可能的设定值：<br>0 除报警外无应对措施<br>1 报警，并降低最大电流 $I_{max}$（引起输出频率降低）<br>2 报警和跳闸（F0011） |
| P0611 | 电动机 $I^2 t$ 时间常数 |
| P0614 | 电动机 $I^2 t$ 过载报警电平 |
| P0640 | 电动机过载因子（%） |
| P0700 | 选择命令<br>可能的设定值：<br>0 工厂的缺省设置<br>1 BOP（键盘）设置<br>2 由端子排输入<br>4 通过 BOP 链路的 USS 设置<br>5 通过 COM 链路的 USS 设置<br>6 通过 COM 链路的通信板（CB）设置 |

（续）

| 参　　数 | 说　　明 |
|---|---|
| P0701 | 数字输入 1 的功能<br>可能的设定值：<br>0 禁止数字输入<br>1 ON/OFF1（接通正转/停机命令 1）<br>2 ON reverse/OFF1（接通反转/停机命令 1）<br>3 OFF2（停车命令 2），按惯性自由停机<br>4 OFF3（停车命令 3），按斜坡函数曲线快速降速停机<br>9 故障确认<br>10 正向点动<br>11 反向点动<br>12 反转<br>13 MOP（电动电位计）升速（增加频率）<br>14 MOP 降速（减少频率）<br>15 固定频率设定值（直接选择）<br>16 固定频率设定值（直接选择 + ON 命令）<br>17 固定频率设定值（二进制编码选择 + ON 命令）<br>25 直流注入制动<br>29 由外部信号触发跳闸<br>33 禁止附加频率设定值<br>99 使能 BICO 参数化 |
| P0702 | 数字输入 2 的功能 |
| P0703 | 数字输入 3 的功能 |
| P0704 | 数字输入 4 的功能 |
| P0719 | 命令和频率设定值的选择<br>可能的设定值：<br>0 "命令 = BICO 参数　　　设定值 = BICO 参数"<br>1 "命令 = BICO 参数　　　设定值 = MOP 设定值"<br>2 "命令 = BICO 参数　　　设定值 = 模拟设定值"<br>3 "命令 = BICO 参数　　　设定值 = 固定频率"<br>4 "命令 = BICO 参数　　　设定值 = BOP 链路的 USS"<br>5 "命令 = BICO 参数　　　设定值 = COM 链路的 USS"<br>6 "命令 = BICO 参数　　　设定值 = COM 链路的 CB"<br>10 "命令 = BOP　　　　　设定值 = BICO 参数"<br>11 "命令 = BOP　　　　　设定值 = MOP 设定值"<br>12 "命令 = BOP　　　　　设定值 = 模拟设定值"<br>13 "命令 = BOP　　　　　设定值 = 固定频率"<br>14 "命令 = BOP　　　　　设定值 = BOP 链路的 USS"<br>15 "命令 = BOP　　　　　设定值 = COM 链路的 USS"<br>16 "命令 = BOP　　　　　设定值 = COM 链路的 CB"<br>40 "命令 = BOP 链路的 USS　设定值 = BICO 参数"<br>41 "命令 = BOP 链路的 USS　设定值 = MOP 设定值"<br>42 "命令 = BOP 链路的 USS　设定值 = 模拟设定值" |

（续）

| 参　数 | 说　明 | 注 |
|---|---|---|
| P0719 | 43 "命令 = BOP 链路的 USS　　设定值 = 固定频率"<br>44 "命令 = BOP 链路的 USS　　设定值 = BOP 链路的 USS"<br>45 "命令 = BOP 链路的 USS　　设定值 = COM 链路的 USS"<br>46 "命令 = BOP 链路的 USS　　设定值 = COM 链路的 CB"<br>50 "命令 = COM 链路的 USS　　设定值 = BICO 参数"<br>51 "命令 = COM 链路的 USS　　设定值 = MOP 设定值"<br>52 "命令 = COM 链路的 USS　　设定值 = 模拟设定值"<br>53 "命令 = COM 链路的 USS　　设定值 = 固定频率"<br>54 "命令 = COM 链路的 USS　　设定值 = BOP 链路的 USS"<br>55 "命令 = COM 链路的 USS　　设定值 = COM 链路的 USS"<br>56 "命令 = COM 链路的 USS　　设定值 = COM 链路的 CB"<br>60 "命令 = COM 链路的 CB　　设定值 = BICO 参数"<br>61 "命令 = COM 链路的 CB　　设定值 = MOP 设定值"<br>62 "命令 = COM 链路的 CB　　设定值 = 模拟设定值"<br>63 "命令 = COM 链路的 CB　　设定值 = 固定频率"<br>64 "命令 = COM 链路的 CB　　设定值 = BOP 链路的 USS"<br>65 "命令 = COM 链路的 CB　　设定值 = COM 链路的 USS"<br>66 "命令 = COM 链路的 CB　　设定值 = COM 链路的 CB"<br>这一参数不能改变任何一个原来设定的 BICO 互联连接 | |
| P0724 | 数字输入采用的防颤动时间<br>可能的设定值：<br>0 无防颤动时间<br>1 防颤动时间为 2.5ms<br>2 防颤动时间为 8.2ms<br>3 防颤动时间为 12.3ms | |
| P0725 | PNP/NPN 数字输入<br>0 NPN 方式 ==> 低电平有效<br>1 PNP 方式 ==> 高电平有效 | |
| P0731 | BI：　数字输出 1 的功能<br>设定值：<br>52.0 变频器准备 0 闭合<br>52.1 变频器运行准备就绪 0 闭合<br>52.2 变频器正在运行 0 闭合<br>52.3 变器故障 0 闭合<br>52.4 OFF2 停机命令有效 1 闭合<br>52.5 OFF3 停机命令有效 1 闭合<br>52.6 禁止合闸 0 闭合<br>52.7 变频器报警 0 闭合<br>52.8 设定值/实际值偏差过大 1 闭合<br>52.9 PZD 控制（过程数据控制）0 闭合<br>52.A 已达到最大频率 0 闭合<br>52.B 电动机电流极限报警 1 闭合 | |

（续）

| 参　　数 | 说　　明 | 缺　省 |
|---|---|---|
| P0731 | 52.C 电动机抱闸（MHB）投入 0 闭合<br>52.D 电动机过载 1 闭合<br>52.E 电动机正向运行 0 闭合<br>52.F 变频器过载 1 闭合<br>53.0 直流注入制动投入 0 闭合<br>53.1 变频器频率低于跳闸极限值 0 闭合<br>53.2 变频器低于最小频率 0 闭合<br>53.3 电流大于或等于极限值 0 闭合<br>53.4 实际频率大于比较频率 0 闭合<br>53.5 实际频率低于比较频率 0 闭合<br>53.6 实际频率大于或等于设定值 0 闭合<br>53.7 电压低于门限值 0 闭合<br>53.8 电压高于门限值 0 闭合<br>53.A PID 控制器的输出在下限幅值（P2292）0 闭合<br>53.B PID 控制器的输出在上限幅值（P2291）0 闭合 | |
| P0748 | 数字输出反相 | |
| P0753 | ADC 的平滑时间 | |
| P0756 | ADC 的类型<br>可能的设定值：<br>0 单极性电压输入（0～10V）<br>1 带监控的单极性电压输入（0～10V） | |
| P0757 | 标定 ADC 的 x1 值（V） | |
| P0759 | 标定 ADC 的 x2 值（V） | |
| P0760 | 标定 ADC 的 y2 值 | |
| P0761 | ADC 死区的宽度（V） | |
| P0762 | 信号丢失的延迟时间 | |
| P0771 | CI：DAC 的功能<br>设定值：<br>21 CO：实际频率（按 P2000 标定）<br>24 CO：实际输出频率（按 P2000 标定）<br>25 CO：实际输出电压（按 P2001 标定）<br>26 CO：实际直流回路电压（按 P2001 标定）<br>27 CO：实际输出电流（按 P2002 标定） | |
| P0773 | DAC 平滑时间 | |
| P0776 | DAC 的类型 | |
| P0777 | DAC 标定的 x1 值 | |
| P0778 | DAC 标定的 y1 值 | |
| P0779 | DAC 标定的 x2 值 | |
| P0780 | DAC 标定的 y2 值 | |
| P0781 | DAC 的死区宽度 | |

| 参　数 | 说　明 |
|---|---|
| P0800 | BI：下载参数置 0<br>定义从 AOP 起动下载参数置 0 的命令源。前三位数字是命令源的参数号，最后一位数字是对该参数的位设定<br>设定值：<br>722.0 = 数字输入 1（要求 P0701 设定为 99，BICO）<br>722.1 = 数字输入 2（要求 P0702 设定为 99，BICO）<br>722.2 = 数字输入 3（要求 P0703 设定为 99，BICO）<br>数字输入的信号：<br>0 = 不下载<br>1 = 由 AOP 起动下载参数置 0 |
| P0801 | BI：下载参数置 1 |
| P0840 | BI：正向运行的 ON/OFF1 命令<br>允许用 BICO 选择 ON/OFF1 命令源。前三位数字是命令源的参数号，最后一位数字是对该参数的位设定<br>设定值：<br>722.0 = 数字输入 1（要求 P0701 设定为 99，BICO）<br>722.1 = 数字输入 2（要求 P0702 设定为 99，BICO）<br>722.2 = 数字输入 3（要求 P0703 设定为 99，BICO）<br>722.3 = 数字输入 4（经由模拟输入，要求 P0704 设定为 99）<br>19.0 = 经由 BOP/AOP 的 ON/OFF1 命令 |
| P0842 | BI：反向运行的 ON/OFF1 命令 |
| P0844 | BI：第一个 OFF2 停机命令<br>设定值：<br>722.0 = 数字输入 1（要求 P0701 设定为 99，BICO）<br>722.1 = 数字输入 2（要求 P0702 设定为 99，BICO）<br>722.2 = 数字输入 3（要求 P0703 设定为 99，BICO）<br>722.3 = 数字输入 4（经由模拟输入，要求 P0704 设定为 99）<br>19.0 = 经由 BOP/AOP 的 ON/OFF1 命令<br>19.1 = OFF2：经由 BOP/AOP 的操作按惯性自由停机 |
| P0845 | BI：第二个 OFF2 停机命令 |
| P0848 | BI：第一个 OFF3 停机命令 |
| P0849 | BI：第二个 OFF3 停机命令 |
| P0852 | BI：脉冲使能<br>设定值：<br>722.0 = 数字输入 1（要求 P0701 设定为 99，BICO）<br>722.1 = 数字输入 2（要求 P0702 设定为 99，BICO）<br>722.2 = 数字输入 3（要求 P0703 设定为 99，BICO）<br>722.3 = 数字输入 4（经由模拟输入，要求 P0704 设定为 99） |

（续）

| 参 数 | 说 明 | |
|---|---|---|
| P0918 | CB 地址<br>可能通过两种方式来设定地址：<br>1 通过 PROFIBUS 模板上的 DIP 开关设定<br>2 由用户输入地址 | |
| P0927 | 怎样才能更改参数 | |
| P0952 | 故障的总数 | |
| P0970 | 工厂复位<br>可能的设定值：<br>0 禁止复位<br>1 参数复位 | |
| P0971 | 从 RAM 到 EEPROM 的数据传输<br>可能的设定值：<br>0 禁止传输<br>1 起动传输 | |
| P1000 | 频率设定值的选择<br>设定值：<br>1 电动电位计设定<br>2 模拟输入<br>3 固定频率设定<br>4 通过 BOP 链路的 USS 设定<br>5 通过 COM 链路的 USS 设定<br>6 通过 COM 链路的通信板（CB）设定 | |
| P1001 | 固定频率 1 | |
| P1002 | 固定频率 2 | |
| P1003 | 固定频率 3 | |
| P1004 | 固定频率 4 | |
| P1005 | 固定频率 5 | |
| P1006 | 固定频率 6 | |
| P1007 | 固定频率 7 | |
| P1016 | 固定频率方式-位 0<br>可能的设定值：<br>1 直接选择<br>2 直接选择 + ON 命令<br>3 二进制编码选择 + ON 命令 | |
| P1017 | 固定频率方式-位 1 | |
| P1018 | 固定频率方式-位 2 | |

（续）

| 参　数 | 说　明 | 数　值 |
|---|---|---|
| P1020 | BI：固定频率选择-位 0<br>设定值：<br>P1020 = 722.0 ==> 数字输入 1<br>P1021 = 722.1 ==> 数字输入 2<br>P1022 = 722.2 ==> 数字输入 3 | |
| P1021 | BI：固定频率选择-位 1 | |
| P1022 | BI：固定频率选择-位 2 | |
| P1031 | MOP 的设定值存储<br>可能的设定值：<br>0 PID-MOP 设定值不存储<br>1 存储 PID-MOP 设定值（刷新 P2240） | |
| P1032 | 禁止 MOP 的反向<br>可能的设定值：<br>0 允许反向<br>1 禁止反向 | |
| P1035 | BI：使能 MOP（UP——升速命令）<br>设定值：<br>722.0 = 数字输入 1（要求 P0701 设定为 99，BICO）<br>722.1 = 数字输入 2（要求 P0702 设定为 99，BICO）<br>722.2 = 数字输入 3（要求 P0703 设定为 99，BICO）<br>722.3 = 数字输入 4（经由模拟输入，要求 P0704 设定为 99）<br>19.D = 经由 BOP/AOP 增加 MOP 的频率设定值 | |
| P1036 | BI：使能 MOP（DOWN——减速命令）<br>设定值：<br>722.0 = 数字输入 1（要求 P0701 设定为 99，BICO）<br>722.1 = 数字输入 2（要求 P0702 设定为 99，BICO）<br>722.2 = 数字输入 3（要求 P0703 设定为 99，BICO）<br>722.3 = 数字输入 4（经由模拟输入，要求 P0704 设定为 99）<br>19.E = 经由 BOP/AOP 降低 MOP 的频率设定值 | |
| P1040 | MOP 的设定值 | |
| P1055 | BI：使能正向点动<br>设定值：<br>722.0 = 数字输入 1（要求 P0701 设定为 99，BICO）<br>722.1 = 数字输入 2（要求 P0702 设定为 99，BICO）<br>722.2 = 数字输入 3（要求 P0703 设定为 99，BICO）<br>722.3 = 数字输入 4（经由模拟输入，要求 P0704 设定为 99）<br>19.8 = 经由 BOP/AOP 正向点动 | |
| P1056 | BI：使能反向点动 | |
| P1058 | 正向点动频率 | |
| P1059 | 反向点动频率 | |

170

（续）

| 参　数 | 说　　　明 | |
|---|---|---|
| P1060 | 点动的斜坡上升时间 | |
| P1061 | 点动的斜坡下降时间 | |
| P1070 | CI：主设定值<br>设定值：<br>755 = 模拟输入 1 设定值<br>1024 = 固定频率设定值<br>1050 = 电动电位计（MOP）设定值 | |
| P1071 | CI：主设定值标定 | |
| P1074 | BI：禁止附加设定值<br>设定值：<br>722.0 = 数字输入 1（要求 P0701 设定为 99，BICO）<br>722.1 = 数字输入 2（要求 P0702 设定为 99，BICO）<br>722.2 = 数字输入 3（要求 P0703 设定为 99，BICO）<br>722.3 = 数字输入 4（经由模拟输入，要求 P0704 设定为 99） | |
| P1075 | CI：附加设定值<br>设定值：<br>755 = 模拟输入 1 设定值<br>1024 = 固定频率设定值<br>1050 = 电动电位计（MOP）设定值 | |
| P1076 | CI：附加设定值标定 | |
| P1080 | 最低频率 | |
| P1082 | 最高频率 | |
| P1091 | 跳转频率 1 | |
| P1092 | 跳转频率 2 | |
| P1093 | 跳转频率 3 | |
| P1094 | 跳转频率 4 | |
| P1101 | 跳转频率的频带宽度 | |
| P1110 | BI：禁止负的频率设定值<br>设定值：<br>0 = 禁止<br>1 = 允许 | |
| P1113 | BI：反向<br>本参数用于确定在 P0719 = 0（选择远程命令源/设定值源）时采用的反向命令源<br>设定值：<br>722.0 = 数字输入 1（要求 P0701 设定为 99，BICO）<br>722.1 = 数字输入 2（要求 P0702 设定为 99，BICO）<br>722.2 = 数字输入 3（要求 P0703 设定为 99，BICO）<br>19. B = 经由 BOP/AOP 控制反向 | |
| P1120 | 斜坡上升时间 | |

（续）

| 参　数 | 说　明 | 索　引 |
|---|---|---|
| P1121 | 斜坡下降时间 | |
| P1124 | BI：使能点动斜坡时间 | |
| P1130 | 斜坡上升曲线的起始段圆弧时间 | |
| P1131 | 斜坡上升曲线的结束段圆弧时间 | |
| P1132 | 斜坡下降曲线的起始段圆弧时间 | |
| P1133 | 斜坡下降曲线的结束段圆弧时间 | |
| P1134 | 平滑圆弧的类型<br>可能的设定值：<br>0 连续平滑<br>1 断续平滑 | |
| P1135 | OFF3 的斜坡下降时间 | |
| P1140 | BI：RFG 使能 | |
| P1141 | BI：RFG 开始 | |
| P1142 | BI：RFG 使能设定值 | |
| P1200 | 捕捉再起动<br>可能的设定值：<br>0 禁止捕捉再起动功能<br>1 捕捉再起动功能总是有效，从频率设定值的方向开始搜索电动机的实际速度<br>2 捕捉再起动功能在通电，故障，OFF2 命令时激活，从频率设定值的方向开始搜索电动机的实际速度<br>3 捕捉再起动功能在故障，OFF2 命令时激活，从频率设定值的方向开始搜索电动机的实际速度<br>4 捕捉再起动功能总是有效，只在频率设定值的方向搜索电动机的实际速度<br>5 捕捉再起动功能在通电，故障，OFF2 命令时激活，只在频率设定值的方向搜索电动机的实际速度<br>6 捕捉再起动功能在故障，OFF2 命令时激活，只在频率设定值的方向搜索电动机的实际速度 | |
| P1202 | 电动机电流：捕捉再起动 | |
| P1203 | 搜索速率：捕捉再起动 | |
| P1210 | 自动再起动<br>可能的设定值：<br>0 禁止自动再起动<br>1 通电后跳闸复位：P1211 禁止<br>2 在主电源跳闸/接通电源后再起动：P1211 禁止<br>3 在故障/主电源跳闸后再起动：P1211 使能<br>4 在主电源跳闸后再起动：P1211 使能<br>5 在主电源跳闸/故障/接通电源后再起动：P1211 禁止<br>关联：只有 ON 命令一直存在时（例如由一个数字输入端保持 ON 命令）时才能进行自动再起动 | |
| P1211 | 再起动重试的次数 | |
| P1215 | 抱闸制动使能<br>可能的设定值：<br>0 禁止电动机抱闸制动<br>1 使能电动机抱闸制动 | |

（续）

| 参　　数 | 说　　明 | |
|---|---|---|
| P1216 | 抱闸制动释放的延迟时间 | |
| P1217 | 斜坡曲线结束后的抱闸时间 | |
| P1230 | BI：使能直流制动<br>设定值：<br>722.0 = 数字输入 1（要求 P0701 设定为 99，BICO）<br>722.1 = 数字输入 2（要求 P0702 设定为 99，BICO）<br>722.2 = 数字输入 3（要求 P0703 设定为 99，BICO）<br>722.3 = 数字输入 4（经由模拟输入，要求 P0704 设定为 99） | |
| P1232 | 直流制动电流 | |
| P1233 | 直流制动的持续时间 | |
| P1236 | 复合制动电流 | |
| P1240 | 直流电压（Vdc）控制器的配置<br>可能的设定值：<br>0 禁止直流电压（Vdc）控制器<br>1 最大直流电压（Vdc-max）控制器使能 | |
| P1243 | 最大直流电压（Vdc-max）控制器的动态因子 | |
| P1250 | 直流电压（Vdc）控制器的增益系数 | |
| P1251 | 直流电压（Vdc）控制器的积分时间 | |
| P1252 | 直流电压（Vdc）控制器的微分时间 | |
| P1253 | 直流电压（Vdc）控制器的输出限幅 | |
| P1254 | Vdc 接通电平的自动检测<br>0 禁止 | |
| P1300 | 变频器的控制方式<br>可能的设定值：<br>0 线性特性的 $V/f$ 控制。<br>1 带磁通电流控制（FCC）的 $V/f$ 控制<br>2 带抛物线特性（二次方特性）的 $V/f$ 控制。<br>3 特性曲线可编程序的 $V/f$ 控制。 | |
| P1310 | 连续提升 | |
| P1311 | 加速度提升 | |
| P1312 [3] | 起动提升 | |
| P1316 | 提升的编程点（end 点）频率 | |
| P1320 [3] | 可编程序的 $V/f$ 特性曲线频率坐标 1 | |
| P1321 | 可编程序的 $V/f$ 特性曲线电压坐标 1 | |
| P1322 | 可编程序的 $V/f$ 特性曲线频率坐标 2 | |
| P1323 | 可编程序的 $V/f$ 特性曲线电压坐标 2 | |
| P1324 | 可编程序的 $V/f$ 特性曲线频率坐标 3 | |
| P1325 | 可编程序的 $V/f$ 特性曲线电压坐标 3 | |

（续）

| 参　数 | 说　明 |
|---|---|
| P1333 | FCC 的起始频率 |
| P1335 | 转差补偿 |
| P1336 | 转差限值 |
| P1338 | $V/f$ 特性的谐振阻尼增益系数 |
| P1340 | $I_{max}$（最大电流）控制器的频率控制比例增益系数 |
| P1341 | $I_{max}$ 控制器的频率控制积分时间 |
| P1350 | 电压软起动<br>可能的设定值：<br>0 OFF<br>1 ON |
| P1800 | 脉冲频率 |
| P1802 | 调制方式<br>可能的设定值：<br>0 SVM/ASVM（空间矢量调制/不对称空间矢量调制）自动方式<br>1 不对称 SVM<br>2 空间矢量调制 |
| P1803 | 最大调制 |
| P1820 | 输出相序反向<br>可能的设定值：<br>0 OFF – 相序正向<br>1 ON – 相序反向 |
| P1910 | 选择电动机数据是否自动检测（识别）<br>可能的设定值：<br>0 禁止自动检测功能<br>1 自动检测 $R_S$（定子电阻），改写参数数值<br>2 自动检测 $R_S$，但不改写参数数值 |
| P2000 | 基准频率 |
| P2001 | 基准电压 |
| P2002 | 基准电流 |
| P2009 [2] | USS 规格化<br>可能的设定值：<br>0 禁止<br>1 使能规格化 |
| P2010 [2] | USS 波特率<br>可能的设定值：<br>3 1 200 波特<br>4 2 400 波特<br>5 4 800 波特<br>6 9 600 波特 |

（续）

| 参 数 | 说 明 |
|---|---|
| P2010 [2] | 7 19 200 波特<br>8 38 400 波特<br>9 57 600 波特 |
| P2011 [2] | USS 地址 |
| P2012 [2] | USS 协议的 PZD（过程数据）长度 |
| P2013 [2] | USS 协议的 PKW 长度<br>可能的设定值：<br>0 字数为 0<br>3 3 个字<br>4 4 个字<br>127 PKW 长度是可变的 |
| P2014 [2] | USS 报文的停止传输时间 |
| P2016 [4] | CI：将 PZD 发送到 BOP 链路（USS） |
| P2019 [4] | CI：将 PZD 数据发送到 COM 链路（USS） |
| P2040 | CB（通信板）报文停止时间 |
| P2041 [5] | CB 参数 |
| P2051 [4] | CI：将 PZD 发送到 CB |
| P2100 [3] | 选择故障报警信号的编号 |
| P2101 [3] | 停机措施的数值<br>可能的设定值：<br>0 不采取措施，没有显示<br>1 采用 OFF1 停机<br>2 采用 OFF2 停机<br>3 采用 OFF3 停机<br>4 不采取措施，只发报警信号 |
| P2103 | BI：第一个故障应答<br>设定值：<br>722.0 = 数字输入 1（要求设定 P0701 为 99，BICO）<br>722.1 = 数字输入 2（要求设定 P0702 为 99，BICO）<br>722.2 = 数字输入 3（要求设定 P0703 为 99，BICO）<br>722.3 = 数字输入 4（经由模拟输入，要求 P0704 设定为 99） |
| P2104 | BI：第二个故障应答 |
| P2106 | BI：外部故障 |
| P2111 | 报警信号的总数 |
| P2115 [3] | AOP 实时时钟 |
| P2120 | 故障计数器 |
| P2150 | 回线频率 $f\_{hys}$ |
| P2155 | 门限频率 $f\_1$ |
| P2156 | 门限频率 $f\_1$ 的延迟时间 |

（续）

| 参　数 | 说　明 |
|---|---|
| P2164 | 监测速度偏差的回线频率 |
| P2167 | 关断频率 $f\_$ off |
| P2168 | 关断延迟时间 $T\_$ off |
| P2170 | 门限电流 $I\_$ thresh |
| P2171 | 电流的延迟时间 |
| P2172 | 直流回路的门限电压 |
| P2173 | 直流回路门限电压的延迟时间 |
| P2179 | 判定负载消失的电流门限值 |
| P2180 | 判定无负载的延迟时间 |
| P2200 | BI：允许 PID 控制器投入 |
| P2201 | PID 控制器的固定频率设定值 1 |
| P2202 | PID 控制器的固定频率设定值 2 |
| P2203 | PID 控制器的固定频率设定值 3 |
| P2204 | PID 控制器的固定频率设定值 4 |
| P2205 | PID 控制器的固定频率设定值 5 |
| P2206 | PID 控制器的固定频率设定值 6 |
| P2207 | PID 控制器的固定频率设定值 7 |
| P2216 | PID 固定频率设定值方式-位 0 |
| P2217 | PID 固定频率设定值方式-位 1 |
| P2218 | PID 固定频率设定值方式-位 2 |
| P2220 | BI：PID 固定频率设定值选择位 0<br>设定值：<br>722.0 = 数字输入 1（要求 P0701 设定 为 99，BICO）<br>722.1 = 数字输入 2（要求 P0702 设定 为 99，BICO）<br>722.2 = 数字输入 3（要求 P0703 设定 为 99，BICO）<br>722.3 = 数字输入 4（经由模拟输入，要求 P0704 设定为 99） |
| P2221 | BI：PID 固定频率设定值选择位 1 |
| P2222 | BI：PID 固定频率设定值选择位 2 |
| P2231 | PID-MOP 的设定值存储 |
| P2232 | 禁止 PID-MOP 设定值反向 |
| P2235 | BI：使能 PID-MOP 升速 （ UP-命令） |
| P2236 | BI：使能 PID-MOP 降速 （ DOWN-命令） |
| P2240 | PID-MOP 的设定值 |
| P2253 | CI：PID 设定值信号源<br>设定值：<br>755 = 模拟输入 1<br>2224 = 固定的 PID 设定值（参看 P2201 ~ P2207）<br>2250 = 已激活的 PID 设定值（参看 P2240） |

（续）

| 参　数 | 说　　明 |
|---|---|
| P2254 | CI：PID 微调信号源 |
| P2255 | PID 设定值的增益系数 |
| P2256 | PID 微调信号的增益系数 |
| P2257 | PID 设定值的斜坡上升时间 |
| P2258 | PID 设定值的斜坡下降时间 |
| P2261 | PID 设定值的滤波时间常数 |
| P2264 | CI：PID 反馈信号 |
| P2265 | PID 反馈滤波时间常数 |
| P2267 | PID 反馈信号的上限值 |
| P2268 | PID 反馈信号的下限值 |
| P2269 | PID 反馈信号的增益 |
| P2270 | PID 反馈功能选择器<br>可能的设定值：<br>0 禁止<br>1 二次方根 [开二次方根 (x)]<br>2 二次方 (x\*x)<br>3 三次方 (x\*x\*x) |
| P2271 | PID 传感器的反馈形式<br>数值：<br>0：[缺省值] 如果反馈信号低于 PID 设定值，那么 PID 控制器将增加电动机的速度，以校正它们的偏差<br>1：如果反馈信号低于 PID 设定值，PID 控制器将降低电动机的速度，以校正它们的偏差 |
| P2280 | PID 比例增益系数 |
| P2285 | PID 积分时间 |
| P2291 | PID 输出上限 |
| P2292 | PID 输出下限 |
| P2293 | PID 限幅值的斜坡上升/下降时间 |
| P3900 | 结束快速调试<br>可能的设定值：<br>0 不用快速调试<br>1 结束快速调试，并按工厂设置使参数复位<br>2 结束快速调试<br>3 结束快速调试，只进行电动机数据的计算 |
| P3950 | 隐含参数的存取 |
| P3980 | 调试命令的选择<br>可能的设定值：<br>0 命令 = BICO 参数　　　　　　　设定值 = BICO 参数<br>1 命令 = BICO 参数　　　　　　　设定值 = MOP 设定值<br>2 命令 = BICO 参数　　　　　　　设定值 = 模拟设定值 |

（续）

| 参　数 | 说　明 |
|---|---|
| P3980 | 3 命令 = BICO 参数　　　　　　　设定值 = 固定频率<br>4 命令 = BICO 参数　　　　　　　设定值 = BOP 链路的 USS<br>5 命令 = BICO 参数　　　　　　　设定值 = COM 链路的 USS<br>6 命令 = BICO 参数　　　　　　　设定值 = COM 链路的 CB<br>10 命令 = BOP　　　　　　　　　设定值 = BICO 参数<br>11 命令 = BOP　　　　　　　　　设定值 = MOP 设定值<br>12 命令 = BOP　　　　　　　　　设定值 = 模拟设定值<br>13 命令 = BOP　　　　　　　　　设定值 = 固定频率<br>14 命令 = BOP　　　　　　　　　设定值 = BOP 链路的 USS<br>15 命令 = BOP　　　　　　　　　设定值 = COM 链路的 USS<br>16 命令 = BOP　　　　　　　　　设定值 = COM 链路的 CB<br>40 命令 = BOP 链路的 USS　　　　设定值 = BICO 参数<br>41 命令 = BOP 链路的 USS　　　　设定值 = MOP 设定值<br>42 命令 = BOP 链路的 USS　　　　设定值 = 模拟设定值<br>43 命令 = BOP 链路的 USS　　　　设定值 = 固定频率<br>44 命令 = BOP 链路的 USS　　　　设定值 = BOP 链路的 USS<br>45 命令 = BOP 链路的 USS　　　　设定值 = COM 链路的 USS<br>46 命令 = BOP 链路的 USS　　　　设定值 = COM 链路的 CB<br>50 命令 = COM 链路的 USS　　　　设定值 = BICO 参数<br>51 命令 = COM 链路的 USS　　　　设定值 = MOP 设定值<br>52 命令 = COM 链路的 USS　　　　设定值 = 模拟设定值<br>53 命令 = COM 链路的 USS　　　　设定值 = 固定频率<br>54 命令 = COM 链路的 USS　　　　设定值 = BOP 链路的 USS<br>55 命令 = COM 链路的 USS　　　　设定值 = COM 链路的 USS<br>56 命令 = COM 链路的 USS　　　　设定值 = COM 链路的 CB<br>60 命令 = COM 链路的 CB　　　　　设定值 = BICO 参数<br>61 命令 = COM 链路的 CB　　　　　设定值 = MOP 设定值<br>62 命令 = COM 链路的 CB　　　　　设定值 = 模拟设定值<br>63 命令 = COM 链路的 CB　　　　　设定值 = 固定频率<br>64 命令 = COM 链路的 CB　　　　　设定值 = BOP 链路的 USS<br>65 命令 = COM 链路的 CB　　　　　设定值 = COM 链路的 USS<br>66 命令 = COM 链路的 CB　　　　　设定值 = COM 链路的 CB |
| P3981 | 故障复位<br>可能的设定值：<br>0 故障不复位<br>1 故障复位 |

# 参 考 文 献

[1] 宋峰青. 变频技术 [M]. 北京：中国劳动社会保障出版社，2004.

[2] 刘建华. 变频调速技术 [M]. 北京：中国劳动社会保障出版社，2006.

[3] 李华德. 交流调速控制系统 [M]. 北京：电子工业出版社，2003.

[4] 王建，徐洪亮，张宏. 变频器操作实训 [M]. 北京：机械工业出版社，2007.

[5] 唐修波. 变频技术及应用 [M]. 北京：中国劳动社会保障出版社，2006.

[6] 王建，徐洪亮. 西门子变频器入门与典型应用 [M]. 北京：中国电力出版社，2012.

[7] 李永忠，鄢光辉. 变频器与触摸屏应用技术易读通 [M]. 中国电力出版社，2008.

[8] 丁都章. 变频调速技术与系统应用 [M]. 北京：机械工业出版社，2007.

[9] 王建，徐洪亮. 变频器实用技术 [M]. 沈阳：辽宁科学技术出版社，2010.

# 读者信息反馈表

感谢您购买《变频器实用技术（西门子）》一书。为了更好地为您服务，有针对性地为您提供图书信息，方便您选购合适图书，我们希望了解您的需求和对我们教材的意见和建议，愿这小小的表格为我们架起一座沟通的桥梁。

| 姓　　名 | | 所在单位名称 | |
|---|---|---|---|
| 性　　别 | | 所从事工作（或专业） | |
| 通信地址 | | 邮　　编 | |
| 办公电话 | | 移动电话 | |
| E- mail | | | |

1. 您选择图书时主要考虑的因素（在相应项前面画√）：

（　　）出版社　　（　　）内容　　（　　）价格　　（　　）封面设计　　（　　）其他

2. 您选择我们图书的途径（在相应项前面画√）：

（　　）书目　　（　　）书店　　（　　）网站　　（　　）朋友推介　　（　　）其他

希望我们与您经常保持联系的方式：

☐ 电子邮件信息　　☐ 定期邮寄书目

☐ 通过编辑联络　　☐ 定期电话咨询

您关注（或需要）哪些类图书和教材：

您对我社图书出版有哪些意见和建议（可从内容、质量、设计、需求等方面谈）：

您今后是否准备出版相应的教材、图书或专著（请写出出版的专业方向、准备出版的时间、出版社的选择等）：

非常感谢您能抽出宝贵的时间完成这张调查表的填写并回寄给我们，我们愿以真诚的服务回报您对机械工业出版社技能教育分社的关心和支持。

请联系我们——

地　　址　北京市西城区百万庄大街 22 号　机械工业出版社技能教育分社

邮　　编　100037

社长电话　（010）88379083　88379080　68329397（带传真）

E- mail　jnfs@ cmpbook. com